不念过往，不畏将来

做一个
内心强大的人

米苏 著

中国纺织出版社有限公司

内 容 提 要

世事艰辛多曲折，没有强大的内心，就丧失了与生活周旋的底气。所谓内心强大，不是拼命地追求优秀，眼里有泪不轻弹，咬着牙把苦痛压在心里，那只是伪装的强悍，紧绷的弦比松弛时更易断。真正意义上的心理强大，是拥有稳定的核心自我，不依靠外界的评价去衡量自我价值，无条件地接纳自己、爱自己；是拥有清晰的自我边界，坚持自己的原则与底线；是拥有被讨厌的勇气、敢为自己的一切负责；是敢直面自己的脆弱，允许每一种情绪的发生；是面对不明朗、不确定的处境，依然能够维持内心的秩序感。借助这本书，希望每位读者都能够走上心理强大之路，向内发现自己的美好，向外实现自己的价值。

图书在版编目（CIP）数据

不念过往，不畏将来：做一个内心强大的人 / 米苏著. --北京：中国纺织出版社有限公司，2022.1（2024.4重印）
ISBN 978-7-5180-9042-6

Ⅰ. ①不… Ⅱ. ①米… Ⅲ. ①成功心理—通俗读物 Ⅳ. ①B848.4-49

中国版本图书馆CIP数据核字（2021）第213268号

责任编辑：郝珊珊　　责任校对：高　涵　　责任印制：储志伟

中国纺织出版社有限公司出版发行
地址：北京市朝阳区百子湾东里A407号楼　邮政编码：100124
销售电话：010—67004422　传真：010—87155801
http://www.c-textilep.com
中国纺织出版社天猫旗舰店
官方微博 http://weibo.com/2119887771
北京兰星球彩色印刷有限公司印刷　各地新华书店经销
2022年1月第1版　2024年4月第2次印刷
开本：880×1230　1/32　印张：7
字数：168千字　定价：59.80元

他序

感谢朋友米苏的真诚邀约，让我有机会公开分享自己的一段生命经历。

5 年，43824 小时，踉跄的一段时光。5 年来，我听到最多的词是坚强，其次是乐观，都是别人给我贴上的标签。我并不想被这样定义，可我也没得选，平凡对我来说太过奢侈。

2016 年 5 月 12 日，汶川地震纪念日，一辆闯红灯的水泥罐车撞上了骑车的我。当时，后车座上还坐着我 3 岁半的儿子。所幸，这场重大交通事故中，他只是擦伤和骨裂，而我重伤昏迷。

昏迷 48 小时后，我从 ICU 中醒来，说的第一句话是“大难不死必有后福”。亲人落泪，我感叹“还活着，运气不错”，乐观的好像出事的不是我。

可当我手术后第 4 天第一次坐起来，准备下地的时候，单腿站立的不平衡感，让我直接晕倒在了病床上。那一刻我觉得，“后福”离我有点远，我有的只是“大难”后的折磨。

20 天做了 2 次大手术，整宿的疼痛折磨得我睡不着觉。一天输 8 小时液，手臂酸痛却不敢动。熬到出院后又卧床半年，终于穿上假肢站起来了，以为有翻身农奴把歌唱的喜悦，却感觉像绑上了 10 斤沙袋。因肌肉萎缩，腿都抬不起来，每挪一步我就汗流浃背，腿在发抖，内心在挣扎，觉得自己是最笨的、最蠢的，是一个连路都走不好的人。

我逼迫自己赶快学会“独立行走”，追上别人，不想慢吞吞地像蜗牛爬；我努力调整步态，不想让人看出我走路的姿势是多么丑，多么难看；我不想看到异样的眼光也不想听到所谓的“关心”，不想……我不想的东西太多了。

在练习使用假肢走路的过程中，一个没站稳摔倒了，觉得天塌了；再摔一次，世界末日了。长达半年的时间里，我摔倒了几十次，也哭了几十次，想不明白自己为什么这么惨。从小好胜心强的我，竟然连个路都走不好。我纠结着，挣扎着，和自己生气，情绪不稳定，好想这一切都是一场梦，醒来时一切都没有发生。

趔趔趄趄一年多，直到我儿子开始学习冰球，我的想法才开始有了转变。

我站在场外看儿子上课，冰场里边都是 5~12 岁的孩子，有的刚开始学，有的已经小有所成。刚开始学的孩子，穿上冰刀鞋站都站不稳，一次又一次地摔倒，一次又一次地站起来，拍拍身上的冰，调整好装备护具，继续一步一步地跟随老师练习基本的步伐，像极了穿假肢练走路的我。

看得多了，我渐渐发现自己的心态发生了变化。我开始觉得，原来摔倒是很平常的事儿，正常人也会摔倒，这不是一件需要自责的事儿，也不是不能犯的错误。宽容一点，把自己当作一个小孩子，一切都才刚刚开始。我开始试着和心里的小孩子握手言和：“嗨，新手上路，请多指教！”

后来，偶尔还是会摔跤，我就坐在摔倒的地方歇会儿，检查有没有伤口，喊人来扶我起来，坦然接受别人的帮助。对一些善意的询问，我也能够给予简单的交代。我知道，我终将要承认自己“技不如人”，但我不再讨厌现在的自己。相反，我觉得自己开始慢慢发光，即使很微渺，可我爱极了它。

在见过自己的各种狼狈不堪之后，在无数次的绝望之后，我终于张开双臂，接纳了不完美的自己。直到现在，我还是免不了会在日常生活中遭遇“意外”，但每一次发生状况后，我都能够给自己一个拥抱，我的内心也在接纳过程中逐渐变得强韧。在写下这段文字的今天，我已完成了 1 万 1 千步的行走训练，心率正常，步态平稳。

若不是朋友米苏邀请作序，我已很少主动思忆过去。因为我已经完全接受了现在的自己,所想的就是过好现在的人生。我也很少去忧虑未来，可能是因为曾经在生死线上挣扎过，那么难的日子都过来了，还怕什么呢？苦难从来都不值得感谢，但我很想感谢从苦难中一路走来的自己。

交织着纠结、泪水、委屈的难耐时光，让我清晰地看到了生命的裂痕，那是一道永远不会消失的裂痕。我曾向它投射过厌恶的目光，回应我的是深深的恐惧与绝望。当我承认了它的存在，甚至忘记了它的存在时，不知道什么时候，那道裂痕里竟然长出了一朵小花。

历经黑暗，步履不停，这就是我的人生抉择。

沐子

自序

心理作家丛非从说："我们总是会面临着失去，有些失去在经意间，有些失去在不经意间。有些失去我们准备好了，有些还没有准备好就已经发生了。当失去带着痛的时候，就成为了丧失，丧失的痛就是哀伤。"

2016 年 5 月 12 日，我的朋友沐子遭遇了严重的车祸。这场意外，夺走了沐子的右腿，打破了她既往的生活轨迹，等待她的有无数的未知。住院期间，周围人轮番给沐子做思想工作，怕她想不开；我在得知这一消息后，也曾小心翼翼地避开敏感话题。

不过，沐子没有避讳谈论这段经历，甚至自我调侃地起了一个网名"铁拐李"。在恢复的过程中，自主创业的她重新拾起了工作，像每一个普通妈妈一样陪伴孩子，按时按点地去做康复训练，每天练习用不便利的右手写字，慢慢适应戴假肢走路的生活，还尝试靠左手切菜、擦玻璃……许多东西都和从前不一样了，但沐子还是尽量让日子和从前一样。

沐子的复原力令人惊叹，不少人把"坚强"二字送给了她。然而，沐子不喜欢这样的赞誉，她曾自问自答地说："我有的选择吗？人生就是单选，特别是在逆境的时候。"

是的，如果有选择，谁不希望平静顺遂，但凡与坚强挂钩，总是透着几分隐忍与无奈的味道——坚硬顽强、遇事咬牙死扛，就像一根紧绷的弦，不知道什么时候会突然断裂。

咬牙硬挺不是沐子的真实状态，她从来没有试图去征服什么，而是练习着接受生命中的所有。她是柔软的，允许自己为丧失哀伤，也在数次摔倒后放声哭泣，可她从未质疑过自身的价值，也没有因为痛苦的丧失而剥夺自己继续生活、追求事业、体验美好的权利。

沐子和大多数人一样，本过着细碎平淡的生活，可当生活的轨道发生了巨变，带来了震颤身心的颠簸时，她却诠释出了一份不平凡的格局。也许，真的是在亲历了毫无预兆的风暴，目睹了人间无常与疾苦之后，我们才会更深刻地理解罗曼·罗兰所说："生活中只有一种英雄主义，那就是在认清生活真相之后依然热爱生活。"在充满不确定性的处境下，保持确定的秩序感，该吃饭吃饭、该睡觉睡觉，这不是每一个人都能够做到的，只有心理力量足够强大，才能够安心地活在当下。

内心强大是怎样的一种状态？相信在过往的岁月里，你一定了解过与之相关的内容，比如，遭遇了人生的不幸，依然期待幸福；遭受过他人的背叛，依然有去爱的勇气；见过世间的丑恶，仍然付出善意……没错，这些都是正确的诠释，但不是我想在本书中谈论的重点。

触动人心的华丽字句与名言，是他人在沉淀阅历后总结出的精神果实，读起来充满了宽慰人心的哲理，却终究逃不过“一碗鸡汤”的宿命。身在人生的艰难时刻，所有的道理都明白，却无法安慰自己，这才是最尴尬、最痛苦的处境。

逃避痛苦是一种本能，直面人生是一种本领。对我们真正有益且值得学习的是，如何能够像沐子那样，让自己走上一条内心强大之路？我邀请了沐子亲自写下她的经历，就是想更真实地澄清，没有与生俱来的强大之人，每一颗强大的内心都曾脆弱过，每一次和自我的碰面，与黑暗的共处，都是心的修炼。

策划撰写这本书的初衷，是希望帮助更多的朋友成为自己的“心灵的摆渡人”。在这条心理修行的路上，我们不必苛求自己无坚不摧，或将一切看得云淡风轻，毕竟我们是有血有肉、有灵有爱的人。也许在未来的某些时刻，我们还是会疯狂、会愤怒、会胆怯、会嫉妒，甚至会被自己一无是处的感觉充满心房……没关系，那都是再正常不过的情绪体验。真正重要的是，我们不再试图抛弃自己、压抑自己，或是强迫自己变成某个更好的人。当我们与自己、与生活握手言和那一刻，就长成了内心强大的自己。

米苏

目录

CHAPTER 1
有勇气选择真实，有力量活出自我

CHAPTER 2
无条件的自爱，是闯荡生活的底气

CHAPTER 5
构建心理边界，随时保持拒绝的能力

CHAPTER 6
不念过往，不畏将来，全心全意活在当下

CHAPTER 7
在不确定的世界里，做好确定的自己

CHAPTER 1

有勇气选择真实，
有力量活出自我

当我内心足够强大，我不再攻击。我知道，当我不再伤害自己，便没有人可以伤害我。我放下武器，敞开心。当我的心柔软起来，便在爱和慈悲里，与你明亮而温暖地相遇。

原来，让内心强大，我只需要看到自己。接纳我还不能做的，欣赏我已经做到的，并且相信走过这个历程，终究可以活出自己，绽放自己。

——摘选《当我内心足够强大》

01 再精致美好的人设，也只是虚幻的影子

生活要精致，要充满仪式感，这样的理念越发受到现代人的追捧。

打开各大社交媒体平台，一张张精致的面孔扑面而来：年轻时尚的女孩，画着精致妆容，秀出凹凸有致的曼妙身材，手里挎着一只名牌包。她们的生活似乎浓缩了所有的美好，享受美食、饱览美景，身边围绕着一群看起来与之同样精致的朋友，简直是羡煞旁人的人生赢家。我们可能无法记清楚每一张面孔的名字，只知道她们都有一个共同的称谓——网红。

没有对比，就没有伤害。网红们秀出的光鲜亮丽的人生，对照平凡人现实生活的一地鸡毛，引发了不少人的暗自叹息：相同的年纪，为什么我活得如此粗糙？而后，就如我们看到的那样，一波又一波的女孩走进整形医院，试图整出一张网红脸，扭转平淡的人生；花费500块钱混入“名媛群”，与人拼单或共享豪华酒店与高端美食，只为

强凹人设，曝一张能突显精致有品的照片。

当越来越多的人对整形上瘾，或被伪精致掏空腰包时，他们可能并不知道，网红们塑造出的梦幻般的生活，可能从一开始就是精心设计的骗局；而那令人羡煞的赢家姿态，也不过是一个堆满谎言的虚假人生。

西上真奈美，是一名腿长86厘米的美腿模特，参加过日本人气很高的TGC时尚秀。她在图片分享社交应用Instagram上的人设，满足了无数年轻女性的假想自我：每天都能穿上漂亮时尚的衣服，吃精致健康的食物，住在干净整洁的家里，拥有与亲密好友不时小聚的日常……谁不希望在纷繁的世间，活成自己喜欢的样子，和喜欢的一切待在一切，寻得一份惬意与美好呢？

直到有一天，日本综艺节目《NINO桑》跟拍西上真奈美，揭开了一个令人咋舌的真相：西上的现实生活惨不忍睹，她在Instagram上分享的日常几乎全是假的！

摆在桌上的沙拉，从头到尾只是用来拍照，西上根本就没有动过筷子。西上真奈美说："我其实特别讨厌蔬菜沙拉，但是色彩缤纷所以就点了……"明明只有一个人吃饭，却要点两份，只是为了看起来像是和朋友一起出来的。

出现在社交网页上的好友，只是她从街头随便拉来的路人；看似热闹无比的好友聚会，也是花钱请人来客串的，为的就是维持自己"社交达人"的人设。西上真奈美苦笑着说："我是想和朋友一起来，但我没有朋友。"

家里堆满垃圾，乱得无处下脚，社交平台上的美照，都是把东西拨开露出来的一个角落而已；至于那只经常出镜的可爱小狗，也不是她自己在照料，都是父母在养，偶尔拍照给西上，供她发个朋友圈秀一秀。

节目的最后，嘉宾问了一个问题：每次请客来搞聚会，会不会花费很大？对此，西上真奈美给出的回答是："我家里很有钱，所以……"很可惜，这个回答依然是假的。后续的爆料指出，她宣称的"家境好"，也是人设的一部分，事实上多数的开销都仰赖于其父母的支撑。

这就是一个真实网红的虚假人生，西上真奈美的生活完全被社交平台上那些不认识的粉丝的点赞或评价支配着，她沉迷于被羡慕、被赞美，活在堆满谎言的虚拟世界里。当真相被揭开，所有人都看到了，所谓精致美好的人设，不过是一个虚幻的影子。

当然了，不少网红的背后是商业合作，塑造人设是为了获取流量红利。别人如何生活，是别人的选择，值得我们深思的是：你是否会不假思索地用别人的生活（无论真与假）去对照自己的人生，映射出种种对现实和自我的不满与抗拒，试图去设立一个虚假的人设？如果有这样的倾向，又是什么让你不敢以真实的自己示人？

02 摘下人格面具，你会比过去更有力量

继续前面的问题：为什么许多人不敢以真实的自己示人呢？

心理学家荣格认为，每个人都有一副“人格面具”，这副“人格面具”是人经过对自我人格的伪装向社会展示出来的。许多人煞费苦心地经营人设，从本质上来说，就是构建一种心理防御，其目的是呈现出一个更好的完美形象，以获得他人的认可。

可悲的是，习惯性地躲在“人设”的面具背后，会越来越不敢面对真实的自己。换句话说，正是因为无法容忍自己真实的形象，才会创造一个理想化的人设。这个形象出现后，貌似可以补偿对真实自我的不满，但最终的结果却是，更加难以面对真实的自我，更加蔑视自己、厌恶自己，因为把自己过分“拔高”了，现实中的自己根本无法企及。

在理想化自我与真实自我之间痛苦挣扎，在自我欣

赏和自我歧视之间左右徘徊，既迷茫又困惑，找不到停靠的岸。倘若有一天，这个“理想化形象”遭到了别人的攻击，我们会本能地去维护自己理想化的那个形象，处在无意识的自我防御之中，处在无意识地对别人攻击的认同之中，从而迷失自我。

2015年，澳大利亚超级网红Essena O’Neill关闭了所有社交平台账号，宣布退出网红圈。面对外界的质疑与不解，O’Neill的解释简单直白：“我并不是你们认为的‘我’。”

她坦言，社交平台上那些好看的照片，多数都是为了迎合粉丝。看似不经意的、随手一拍的美好，其实背后费尽了周折。当粉丝越来越多，点赞数量变成了衡量她的唯一标识，她感到压力倍增，甚至开始担心，害怕哪一天被人看到自己在实际生活中的样子。

在这样的状态下，O’Neill意识到，她过的只是“看起来很美好”的生活，却不是自己想要的，也不是真实的生活。在设计好的角色中，她赢得了无数的赞美，却离真实的自己越来越远，像一个住在屏幕里的人，跟屏幕外的人打招呼，虚幻得如泡影。

既是人设，就存在崩塌的可能；想要人设不崩，就得活得如履薄冰。

正是这种忧虑，让O’Neill极度压抑，游走在崩溃的边缘。庆幸的是，她最终勇敢地摘下了面具，并用自己的亲身经历告诉所有人："你关注社交网站上那些红人，并且希望自己过上她们那样的生活，但实际上，你看到的只是她们想要你看的东西……我最好的年华已经大部分用在社交网络里了，为了获取所谓的社会认可、社会地位。然而，那都不是真实的。"摆脱社交网站羁绊后的O'Neill，看起来不那么"完美"了，但她活得更开心了。

女演员克里斯汀·斯图尔特是靠"暮光女"的人设起家的，成名时的她是一副乖乖女的形象。然而，那并不是真实的她，这把人设枷锁将她困在其中，令她倍感难受。

几年以后，克里斯汀决定不再被公众的设定约束，从假人设中破茧而出。她不再在意他人的目光，剪短发、穿球鞋走红毯、酣畅地喝酒。当她叫停了虚假自我带来的内耗之后，不仅活出了真实的自己，在事业上也有了颠覆和突破，告别商业大片的戏路，用小众文艺片磨炼演技，最终拿到了法国凯撒奖。

人设原本就是一个陷阱，把原本拥有不足之处的普通人，装进了一个完美无瑕的框架。一旦被发现二者之间存在差距，人设就会轰然倒塌。更何况，从人设诞生的那一刻起，就像撒了一个弥天大谎，往后的日子都要小心翼翼，煞费苦心地去圆这个谎。对任何人而言，这都无异于一场严重的精神内耗。

长期活在人格面具之下的人，与他人的互动会变得极其有限，也不容易经营出令自己满意的关系。因为面具是预设好的，而现实的处境却是灵动多变的。当处境发生了变化，想要更换面具是很难的。再者，把自己套入某一人设，就注定要活在他人的期待中，也必然要压抑自己内心的许多感受。久而久之，不被理解的孤独、无法活出真实自我的压抑，都让内心的冲突变得愈发严重。

总之，人格面具有利有弊，重要的是认清自己的身份、社会地位，学会正确、合理地使用。无论是什么样的人格，都不能过度发挥，否则就会变成人格的傀儡。在亲密的人面前，不妨适时地摘下面具，放飞一下自我。当你用真实的自我与他人相处，表达自己真实的感受时，才更有可能获得自己真正想要和需要的回应，从而在关系中获得滋养和力量。

03 生活不是养他人的眼，是养自己的心

日剧《无法成为野兽的我们》的女主角深海晶，是一家普通公司的营销助理，拿着微薄的工资，却包揽了公司上下所有的事务。周一早上6点半，刚被闹铃叫醒，睡意还未散去，就被老板的连环短信轰炸，追问项目的进度，安排周内的工作。她的住处离公司很远，要在拥挤的公交地铁里晃晃荡荡地站2小时，即便如此，她还是要第一个到达公司。

紧绷的状态，从走进公司大门的那一刻起，就开始了。她要为准点到公司的老板冲咖啡，第一时间递到对方手中；要帮同事修改工作课件，着手全新的策划案；在怯懦无能的新同事被老板狠批的那一刻，主动替他扛下任务，消除老板的怒气，缓解尴尬的气氛。

仅仅这些还不够，老板的秘书辞职后，尚未有新人填补空缺，安排出差事宜的任务、应酬饭局的餐厅和注意事项，被老板顺手推到了深海晶的身上；明明不是她负责

的项目，也要让她按照合作方提出的要求来修订，理由就是负责项目的新人能力不够，且这也要归咎于深海晶没有把他教好。旁观者都看得出来，那个新同事分明就是一个废柴。即便如此，深海晶在老板眼里，也不过是“普通水平”的廉价劳动力而已。

为废柴新同事背锅，被偷懒的旧同事无偿利用，为讨好客户自掏腰包，深海晶全都默默地忍了下来。即便内心有一千个一万个不愿意，她还是每天挂着灿烂的微笑，努力让自己看起来元气满满，把所有事情都按部就班地处理好，维系着“完美老好人”的样子。

以上所述种种，不过是剧中的凤毛麟角。从工作到生活，深海晶没有一刻不是“丧”的，而她却用假笑掩盖自己真实的感受，唯一的排解方式就是跑到附近的小酒馆，喝上一杯啤酒，默默消化自己的苦闷。多少屏幕外的看客都替她憋屈，忍不住感叹一句：活得真怂啊！

深海晶想用一张“假笑”的面具赢得周围人的好感与认同，实则换来的却是轻蔑，还被毒舌男主角一眼看穿，表示自己最讨厌的就是这种假笑女孩：“虽然漂亮但很做作，那完美的笑脸最恶心。”

其实，倍感压抑的深海晶，也曾想过并尝试改变。她换上奇装异服，装成气场强大的女王，可那全是虚幻的假象。她的内心没有长出盔甲，只是给外表披了一张故作强势的“兽皮”，老板的一个升职通知就把她打回了原形。她，还是任人宰割的“小绵羊”。

人都有脆弱的一面，也难以像野兽那般自由、毫无约束地生活。正因为此，我们就要听从心底真实的声音，允许自己为人，不佯装硬撑。但在感到压抑和极度不适时，在生活深陷泥沼、难以自拔时，我们要拿出“反抗”的勇气，对那些压榨、剥削和利用我们的行为说“不”，而不是束手就擒，任凭宰割。

剧终时刻，深海晶走出了心理的牢笼，开始去过她真正想要的生活。深海晶的转变，也让我们认清了一个真相：活着不是为了养他人的眼，而是为了养自己的心。一个人只有知道了什么是自己需要的，什么是不重要的，才能够充满心安地走向更舒展、更有活力的人生。

04 真正的内心强大，是有被讨厌的勇气

2000年的世纪春晚，歌手朴树被邀请参加。当他在彩排时得知需要假唱时，他留下一句“这春晚我不上了”，而后转身离去。经纪人打电话，满是愤怒地问他：“你知道什么叫尊重吗？如果你不上春晚，全公司都被害了，你把大家的路都给堵死了。”

无奈之下，朴树重回彩排现场，带着一张毫无表情的脸唱完了《白桦林》。不出所料，之后的朴树成了现象级歌手，有人出昂贵的价格邀请他参加商演，音乐制作人也劝他趁热打铁多出几张CD。在推出第二张新专辑后，朴树拿奖拿到手软，频繁地接受采访、接通告、参加商演……他会说出一些对自己而言很陌生的词语，还参加了真人秀栏目，进行高强度的训练，完成突破性的演出，不时地配合主持人的调侃，他已经完全“失控”，变成了一个让自己都感觉陌生的人。

不久之后，朴树彻底崩溃，几乎将自己完全封闭起

来，沉寂了整整12年。那些年，焦虑、失眠、痛苦缠绕着朴树，他不做音乐，也不见做音乐的人，不接任何演出。在最糟糕的时刻，他甚至想过放弃生命。过去的那些“闪耀”与“辉煌”，都是依靠着完成别人的期待换得的，而他内心最不想做的恰恰是用音乐讨好别人。

当一个人与真实的自己背道而驰，逼着自己戴上虚伪的面具，去迎合不喜欢的生活，做不喜欢的事时，就会陷在“表面美好”与“内在拧巴”的冲突中。朴树厌烦了这样的状态，最终他选择以自己本来的样子去面对所有，功成名就与光芒闪耀，终究比不上做真实的、平凡的自己。再后来，人们在《平凡之路》中听到了朴树的心路历程：

“我曾经跨过山和大海，也穿过人山人海，我曾经拥有着的一切，转眼都飘散如烟。我曾经失落失望，失掉所有方向，直到看见平凡，才是唯一的答案。”

在意别人的目光，看别人的脸色生活，为满足他人的期待做选择，或许能够换得他人的认可，但这样的生活方式却是极其不自由的。当你以他人的认可作为评判自我价值的标准时，为了避免被否定，你要不断地看他人的脸色，并发誓忠诚于任何人。倘若周围有五个人，就要发誓忠诚于五个人，做不到的事也要勉强接受，负不起的责任也要包揽在身。只有这样，才不会被任何人厌恶，但压力和痛苦唯有自己知道。

从这个角度来说，做真实的自己是有代价的，那就是会被人讨厌。

没有人希望被人讨厌，或是故意招人讨厌，这是人的本能倾向。然而，生活不可能尽如人意——让我们在自由地成为自己和满足他人的期待之间，实现完美的平衡。更多的时候，我们都是需要作出选择的：要过被所有人喜欢的人生，还是过有人讨厌自己却活得自由的人生？是更在意别人如何看待自己，还是更关心自己的真实感受？

如果只图他人的认可，就得按照别人的期待生活，舍弃真正的自我；如果要行使自由，就得有不畏惧被讨厌的勇气。当然，这绝不是主张我们做一个任性自私的人，而是让我们将自己和他人的人生课题分离开来。

你可能也想过一个问题：为什么有些人不怕被讨厌？哪怕是挨了白眼、遭到反对，也能够强大到坚定自己的选择，不委曲求全？究其根本而言，是因为他们深刻地理解——哪些事情是自己的课题，哪些事情是别人的课题？

选择自己感兴趣的职业、坚持自己认可的不婚主义、拒绝令自己感到为难的请求，这些都是自己的课题，我们该做的是诚实地面对自己的人生，正确处理自己的课题。至于父母对自己所选的职业是否满意，周围人怎样看待不婚主义者，被拒绝的人会不会对自己心生嫌隙，那都是别人的课题，我们无法左右，更无法强迫他人接受我们的思想。

“不想被人讨厌”是自己的事，“是否被人讨厌”是别人的事。内心强大的人，在两件事之间划清了界线，虽然不想被人讨厌，但即使被人讨厌也能接受。正是因为有了这样的勇气，才让他们在人际关系中变得轻松和自由，敢于活成真实的自己。

05 做你自己就好，不一定非得成为大多数

如果你看过潘婷在泰国投放的广告，一定记得这两句颇有深意的台词：

——“为什么我和别人不一样？”

——“为什么你要和别人一样呢？”

对小提琴情有独钟的聋哑女孩，深受街头小提琴卖艺老人的鼓舞，报了音乐培训班，结果遭到了所有同学的奚落。残酷的现实把女孩的梦想击得粉碎，在回家的路上，女孩再次遇到老人，她哭着问老人，为何自己与别人不一样？老人反问她，为什么要和别人一样呢？音乐是有生命的，闭上眼睛用心去感受，就能看见。

女孩放下了所有的顾虑，迎着众多轻蔑的目光，心无旁骛地练琴。多年后，在一次青年古典音乐大赛上，女孩以一首《卡农》震惊了在场的所有人。那一刻，回想起以往的苦难与屈辱，她已能云淡风轻。

走出这段广告，联想到现实生活，再重新品味那两句

台词，感慨颇多。很多人之所以不敢遵从内心的声音去选择，不敢选择“非常规”的活法，就是因为害怕游离在大多数人之外，被视为扎眼的另类，承受外界的舆论非议和异样的目光，害怕自己的一切都被当成别人茶余饭后的谈资。不想背负额外的压力，索性就选择那条多数人走的路。

这条看似安全的路，真的好走吗？

现实的情况，不仅没有想象中顺畅，反而更艰难。步履匆匆地追赶着所谓的幸福，过着身不由己的日子；为了赢得别人的好感，小心翼翼地藏起自己的委屈……越走越迷茫，越走越疲惫，找不到动力和方向。当有一天，想要发出自己真实的声音时，懵然发现，已经没有开口的勇气和能力了，只能继续做一个虚无的影子。

金正勋在《不谄媚的人生里》里说过：“生活每天都充斥着各种各样的选择，最可怕的是不知不觉中已然放弃了对自己、对生活的警醒和觉察，任由别人灌输的信念和过去的惯性来支配自己的生活。人生最悲凉的笑话，莫过于用尽毕生努力成功地成为了别人。人只有一辈子，为自己而活才是最大的奢侈。”

其实，人生从来都没有标准的模板，有的只是约定俗成的观念。每个人的生命都是独一无二的，我们可以有自己的想法，也有权利过自己想要的生活，不一定非要成为大多数人，去完成世俗观念里的某一套流程。

一位从德国留学归来的女孩写下有关“男女平等”的文字，其中一段描述令我印象深刻：“我回家的时候，总有一些三姑六婆让我早点结婚，大了就嫁不出去了……更可笑的是，有些人居然对我说，如果嫁不出去，读那么多书又有什么用？”言外之意，结婚是女人的最终归宿，努力让自己变得优秀也成了获取幸福的筹码。若是找到了如意郎君，从此过上了衣食无忧的生活，那就是众人眼中最幸福的人；若找了一个没房、没车、没存款的家伙，或是成了大龄剩女，就算与幸福绝缘了，可能会被人冠上凄凉的头衔，甚至遭人轻视。

庆幸的是，写这篇文章的女孩不落世俗，不畏流言，她有自己对人生和幸福的理解：“如果你足够强大，你就不会把幸福押在别人身上，你会自己创造幸福或者能给别人带来幸福，而变得强大的途径，就是学习，就是读书，就是学一切东西，读一切想读的书……无论是什么样的女生，都应该做一个精神和物质很强大的女子，想要钱，自己赚；想要房和车，自己买；想要男人，自己找；不是无赖地等待着别人给你钱，和傻乎乎地等男人来找你。”这番话说得相当精彩，这种从经济到思想都足够独立的姿态，更是值得欣赏。

生活终究是自己的事，想怎么过也是自己的事，性情和生活都需要一点个性，必要的时候需要他人的指点，但绝不需要他人的指指点点。当心底的声音与外界的声音相抵触时，愿你有勇气选择那条“少有人走的路”——也许不太符合常理，却能抵达自己想去的地方。

06 一个人生命中最重要的角色叫“自己”

丽雯身在一个行医世家，父母对她管教甚严。自记事以来，丽雯在生活中遇到的大大小小的事，无论哪一项几乎都要经过父母的同意才能敲定。在这样的成长环境下，丽雯养成了“逆来顺受”的性格。

高考填报志愿时，丽雯很想报考外国语学院。可父母却觉得，当前就业形势严峻，不如去读医科，将来在医院工作。况且，父母都是学医的，在很多方面能够帮到丽雯。丽雯虽然不太情愿，可最终还是听了父母的建议，上了医学院。

学医不是一件轻松的事，在别人享受曼妙的大学时光时，丽雯一直往返于图书馆、解剖室之间。本来兴趣就不大，很多东西学起来都不太顺手，父母还时不时地给她施加压力，这让丽雯倍感压抑，却无处可说。

总算熬到了毕业，父亲通过熟人关系，让丽雯进了一家二级医院。在工作方面，丽雯并没有父母预想得那么出众，她做得也不是那么开心，只当是一份养活自己的差事罢了。

到了谈婚论嫁的年纪，丽雯结识了一位军官，父母坚决不同意。抵抗不过父母的百般阻挠，丽雯妥协了。在父亲同学的介绍下，她与一位中医博士结了婚。婚后的日子平淡如水，谈不上有多么恩爱，相处得却也算融洽。

在外人看来，丽雯的人生简直就是父母的翻版：从事着和父母一样的职业，和同行结成连理，延续了行医世家的传统。有不少人羡慕丽雯的平顺，对此丽雯只能勉强一笑，生活如人饮水，冷暖自知。这些年来，几乎每一项重要的人生决定，都是父母替她拿的主意，她一直都在照顾父母的情绪和感受。如今成了家，又开始顾念丈夫、孩子、公婆的种种。人生似乎不是她自己的，她活在一个又一个的身份里，那个上外国语学院、出国留学的梦想，那个和自己在摩天轮里山盟海誓的恋人，都成了无法触及的梦。

无论是丽雯，还是茫茫人海中的你、我、他，在生活中都饰演着不同的角色，有着不同的身份，这些角色和身份不是累赘和负担，却最容易让我们迷失自我。读大学的时候，教授外国文学的老师，曾与我谈起“自我”和“他人”之间的关系，我至今仍记得她说过的话：

“人生有很多角色，但我们习惯扮演父母的孩子、子女的父母、爱人的伴侣、他人的朋友……唯独忘了自己这个角色。我们总想着自己是谁的谁，可实际上，一个人首先应该‘是’的人，就是自己。你的生命就像你的家，在里面住一辈子的人是你自己。不要因为你的不坚持，你的不坚定，让别人进来布置它。”

现在，我也想把下面的这些话送给你，亲爱的朋友：

你不是父母的续集，你的人生不需要父母的操控。纵然他们渴望为你铺好前路，愿意为你操劳一生，但你要想清楚：那究竟是不是你想要的人生？你的舞台要你自己做主。

你不是孩子的前传，不要将为了儿女放弃自我当成一种伟大的事业。孩子与你一样，是独立的个体，你不必为他们放弃自己的舞台，也不必为他们搭建舞台，给他充分的自由和空间，才能让彼此有更完整的人生。

你不是朋友的番外，朋友是心灵的寄托，却不需要你放弃自我、牺牲自我来维护这段友情。他的人生是否精彩，那是他自己的事，你不是他的延伸。你能够做的，就是当一个聆听者，在必要的时候伸出援手，而不是把自己的舞台和角色舍弃掉，去做他的附庸品。

也许，这场人生的舞台剧注定无法单独来完成，需要他人的配合，需要你为别人付出，但这不该成为一种束缚和包袱，不该被所谓的“应该”和“责任”牵绊住手脚，唯有认真地做好自己，完成自己的角色定位，才有精力和能力去展开更多的情节。

07 站在高处光芒万丈，跌到谷底温暖有光

2018年底，罗永浩被舆论推到了风口浪尖，原因是欠债6亿。一年半之后，他再度成为人们关注的焦点，这一次是因为他在《脱口秀大赛》上披露，已经还清了4亿的债务。剩余的债务，很快也都可以还上，并调侃债务还清后，要拍摄《真还传》。

有人给罗永浩支招，如果申请个人破产的话，是可以免除部分债务的。然而，罗永浩没有这么做，他选择了另一条艰难的路。在他看来，欠债还钱，天经地义。在签约抖音后，他通过直播卖货、录制综艺节目、游戏代言等方式努力挣钱，承担自己该承担的责任。

有人嘲讽罗永浩的做法，认为一个曾经叱咤商界的公司创始人去做直播带货，完全就是没有底线的“堕落”，太不体面了。罗永浩不在意这些无谓的评判，他心里想的就俩字：还钱。他没有过多地解释过什么，不偷不抢、不坑蒙拐骗，靠自己的本事挣钱，没毛病。就像我们后来看

到的那样，罗永浩用了一年多的时间，成功地还了4亿的债务，这个真汉子用自己的实际行动，回应了之前的流言蜚语与嘲讽抨击。

对很多人而言，仅仅听到6亿债务的字眼，就已经在精神上被压垮了。罗永浩的过人之处就在于，纵然看到了处境的艰难，也要努力去尽人事。在这个过程中，最难熬的不是身体上的疲累，而是精神上的压力。对罗永浩来说，他要承认创业失败的事实，接受自己从企业家的身份沦为债务缠身的平凡人，还要面对外界否定、批判、谩骂的声音……他调侃说，自己买了很多书，使劲地给自己灌鸡汤，甚至是毒鸡汤，目的就是让自己的内心强大一点。

目睹罗永浩的选择和行动，我们完全可以看出，这是一个很真实的人，也是一个值得敬佩的勇士。人生总有起伏，从低走向高的过程是令人愉悦的，也是容易接受的，谁不渴望生命散发出璀璨的光芒呢？一旦遭遇意外状况，生活从高峰荡到谷底，却不是所有人都有勇气直面惨淡的人生，承认巨大的落差，接受落魄境遇下的自己。像罗永浩这样，不伪装、不做作、不逃避，带着恐惧、痛苦和彷徨，还能扛起责任、做好该做之事的人，心理的韧性本身就已足够强大了。

记得一位作家朋友说："在人生里，我们只能随遇而安，来什么，品味什么，有时候是没有能力选择的。学会随遇而安，你能够轻松地挫败生活中许多看似不可战胜的困难。这是面对生活最为强硬的方式。”

从知名企业家沦落到6亿负债者，从耀眼的高处跌到谷底，罗永浩面对着巨大的生活落差。可他依然是他自己，坚守着内心不变的信念，做自己想做的事，扛自己该扛的责任。站在高处时，他光芒万丈；低到谷底时，他温暖有光。在这个心理强者的世界，没有自暴自弃，只有不同处境下的自己。正是这份敢面对真实的勇气，让他迸发出了强大的自我修复能力，在承认平凡之后，再次走向逆袭。

CHAPTER 2

无条件的自爱，是闯荡生活的底气

当我真正开始爱自己，我才认识到，所有的痛苦和情感的折磨，都只是提醒我：活着，不要违背自己的本心。今天我明白了，这叫作真实。

当我开始真正爱自己，我开始远离一切不健康的东西。不论是饮食和人物，还是事情和环境，我远离一切让我远离本真的东西。从前我把这叫作“追求健康的自私自利”，但今天我明白了，这是“自爱”。

——摘选陶思璇《当我真正开始爱自己》

01 不是精致到严苛，就能成为人生赢家

故事的开头，是一场完美的婚礼。

为了这场婚礼，女主人公米琪精心准备了很长时间，为了能够穿进她身上的那件美丽的婚纱，她整整三个星期都没有吃固态食物。不是因为结婚，才激发了米琪超强的意志力，她对自己的要求一向都很高，6岁时想到将来要学习俄罗斯文学，13岁决定将来要就读布林莫尔学院。她有不错的出身，过着优渥的生活，接受过良好的教育，人长得漂亮且优秀。

米琪的人生已足够幸运，更美好的是大学毕业后嫁给了心仪的男人，集漂亮、聪明、贤惠于一身的米琪，在这场婚礼过后，将要开启新征程，努力成为一个完美妻子。她把生活打理得井井有条，全身心地支持丈夫的工作，协助迷上脱口秀表演的丈夫精进他的演出。更令人咋舌的是米琪对自己的形象把控，可谓是追求精致到严苛。

为了维护在丈夫心中的完美形象，她每天晚上要等丈

夫熟睡后才去洗手间卸妆、护肤、卷好头发，再把窗帘往上拉一点点，才开始休息。第二天早上，当第一缕光线透过窗帘的间隙照到米琪的脸上时，丈夫还在酣睡，而她却悄声起来去洗手间，取下卷发器、化妆，以精致的形象重回卧室，把窗帘放下，躺在床上，装作熟睡的样子。待闹铃响起，她装作没有听见，等丈夫叫醒自己。婚后的米琪一直如此，始终以最精致的样子出现在丈夫面前。

为了保持身材，米琪每天用卷尺测量围度，保持身材十年不变。平日里出行，她也要求自己从头到脚必须精致。世俗中定义的幸福，米琪似乎都已经拥有：舒适的大房子、工作稳定且体面的丈夫、一双可爱的儿女、优秀出众的自己、照料家务的保姆……俨然就是世人口中说的、心心念念的人生赢家。

直到有一天，米琪的丈夫邀请朋友观看自己的脱口秀演出，没想到他却搞砸了。心中涌起怒火的他，冲回家收拾自己的衣物，并告诉米琪，他和秘书在一起了。对，就是一个连电动卷笔刀都不会用的女孩。

不知有多少人在感情中都被这样的想法缠绕着：如果我足够好，他/她就不会离开我。可是，我们都看到了米琪的经历：她是多么精致美丽的女人，又是多么完美聪慧的妻子，可那又怎样呢？还是被出轨了，且那个出轨对象与聪慧优秀完全不沾边，是一个粗心笨拙到能把衬衣穿反两次的女孩。即便如此，米琪还在放低姿态地保证：“我会变得更好的，我会做得更好，我会更加用心……”

她以为，自己足够完美，就会成为人生赢家。殊不知，再精致的完美，也敌不过真实。就像一个古老的故事里讲到的那样，一把锈迹斑斑的剑本是稀世珍宝，但追求完美的人却非要把剑上的锈迹斑斑磨掉，而后宝剑变得不再珍贵，甚至失去了最基本的功能。

米琪掩藏了自己的素颜，每天以端庄的姿态出现在人前，哪怕是在关系最为亲密的丈夫跟前，也没有露出任何的瑕疵。她太过精致了，精致得像一具人偶，像戴上了假面，没有喜怒哀乐的情绪波动，一切都很好，只是和她在一起的生活，少了人间烟火的味道。

与米琪相比，丈夫的不完美是显而易见的，把表演搞砸就是最直观的呈现。即便事业小有成就，也算是高富帅，可他仍是一个普通人。所以，在俱乐部出糗之后，他坚信米琪不会像以前那样看待自己——在婚礼上，她用穿着发光盔甲的骑士形容他，他害怕自己在米琪心中的完美形象崩塌，故而选择了逃离。

这是故事的结局吗？不。婚姻的破裂，成为米琪找回自我的契机。她发现自己有喜剧天赋，并参加了脱口秀。舞台上的她，言辞辛辣有趣，所有素材都源于生活，她吐槽丈夫、吐槽父母、吐槽生活，扔掉了曾经小心翼翼地顶着的精致头衔，摘下了生怕露出“小马脚”的假面，灵动鲜活，大放异彩。在潮水般的喝彩声中，米琪感受到了发自内心的喜悦。

人总是不甘心去接受真实的自己，一旦没有美貌、优秀、成功加身，就很容易感到不安，或是妄自菲薄。对自己有要求、不断追求精进，固然没有错，但请记得：不是越完美，就越值得被爱；也不是精致到严苛，就能成为人生赢家。在生活面前，真实才是最震慑人心的。

02 即使你不完美，也配得上这世间的美好

在咨询室里，我遇到过各种各样的来访者，也听到过不尽相同的人生际遇。当他们鼓起勇气去探索自我、对内心的困惑进行深度剖析时，我看到了一个事实：许多内心问题的原罪，都是一种近乎偏执严苛的自我要求：我要变得优秀、我不能犯错、我要比周围的人过得更好……为了达到这些标准，有的人偏执，有的人焦虑，有的人抑郁，有的人分裂。

许多人不解，甚至会质问：不优秀，怎么在激烈的竞争中生存？不优秀，怎么能让别人肯定自己？不优秀，怎么能够吸引心仪的人？的确，这些困惑有合理的成分，毕竟在现实生活中，我们切实地看到了，优秀可以让人得到更多的认同，也能更好地适应社会生存。

追求优秀本身不是错，也不一定会带来心理问题；真正让我们内心产生冲突的，是根植于心的功利性审美，即：我能够得到多少爱、多少认同、多少欣赏，取决于我

有多优秀。我的优秀的程度，定义了我的价值，也决定了别人对待我的方式。

从读书时，晓晓就是班里的佼佼者，每次考试都努力争第一，把好成绩呈现在家人面前，看他们喜笑颜开的样子，听他们夸奖自己。每一次被肯定，晓晓都感到无比荣耀，让她感受到了自我价值的存在。但她不知道，这是一件潜藏着危险的事。

不知不觉中，晓晓把优秀与被爱联系在一起，有一个念头深深地在她脑海里扎根：别人喜欢我，是因为我学习好，我懂事……为了获得别人的喜爱，她希望自己变得更优秀。然后，就和许多人一样，她开始严苛地要求自己：要出众、做好人、有教养、多学习；不能落后于人，不可以犯错，不能有怨言。做不到的时候，她就会感到焦虑、恐慌、郁闷，害怕自己会不被喜欢、不被接纳、不被认同。

这是一条艰难的路，晓晓吃了不少苦头。她极力把自己最好的一面呈现出来，哪怕偶尔有委屈和不满，也会悄悄藏在心里，拒绝暴露自己的脆弱和自卑；为了避免犯错，她宁愿把手边的机会让给他人；一旦做不好某件事，内心的自责会折磨得她彻夜难眠。

这种模式也影响到了晓晓的亲密关系。她觉得，另一半对自己的喜爱，有很大程度上是出于看到了她身上的闪光点。她总是小心翼翼地跟对方相处，害怕对方看到自己的不足，甚至在对方做了一些让她不开心的事情时，也强忍着情绪不表现出来。

直到有一天，晓晓因为工作压力，陷入了低迷中。她在男友面前哭了，觉得自己没有把该做的事情做好，有强烈的挫败感，认为自己糟糕透顶……那一刻，她可能是压抑不住了，也承受不了，以至于做好了“他看到我歇斯底里的样子后会离开我”的准备。

但是，晓晓猜错了。男友很平静地听她诉说了自己的感受，然后安慰她：“咱们都得承认，自己只是一个普通人，没有超能力，身体和精力都有极限。谁都会有疲累的时候，这不是错，你现在最需要的是休息。”

过去晓晓一直觉得，自己比同龄的男友要成熟，可透过这件事她发现，自己的理性和坚强带着太多的隐忍，甚至是一种逞强。在处理问题这件事上，男友的心理状态是柔软的，也正是因为有了这份柔软，才能活成乐天派，缓缓而又安全地接住自己和他人的情绪。

那一次的经历，对晓晓产生了一些触动，但要说彻底改变，还不太现实。成长这件事，总是很缓慢的，但只要意识到了，就有了改变的切入口。在亲密关系中，理想化的破灭是关系加深的开始；对于自我成长，理想化的破灭也是向内认识自己的开始。当一个人敢于暴露自我脆弱，承认自己有局限性的事实时，恐惧感就会下降；不用刻意去压抑一些东西，也就不用活得战战兢兢，处理问题也会多几分从容。

优秀从来都不是被爱的原因，而是被爱的结果。真正的优秀动力只有一个，就是在被爱与被欣赏中，感受到自己的特别与珍贵，并发自内心地努力。每一个真实的我们，即使不完美，但都配得上被爱，也配得上这世间美好的东西。如果你渴望变得优秀，变得更好，我希望你是因为舍不得让原本就很好的自己变得颓废和沉溺。这，才是追求优秀的健康动力。

03 无条件地接受自己，是成就自己的前提

他就读于哈佛，顺利从本科读到博士，是哈佛3名优秀生之一，被派往剑桥进行交换学习；他是一流的运动员，年纪轻轻就获得了全国壁球赛冠军，还传奇般地带领以色列国家队赢得壁球赛的世界冠军，被视为民族英雄；他的“积极心理学”课程，即所谓的“幸福课”在哈佛受欢迎度排名第一；他给世界500强企业做培训获得极高的评价，被誉为“摸得着的幸福”，还因此成为全美课酬最贵的积极心理学大师。

说到这里，你或许已经猜到了他的名字——沙哈尔。

可你能想象得到吗？这个在世人眼中如此成功的人士，在接受采访时，竟然也会表现出腼腆与害羞。我们印象中的成功激励大师，似乎都是激情澎湃、口若悬河的。但事实告诉我们，沙哈尔教授就是这样，他看上去很安静、很冷静，他甚至坦言：“我曾经不快乐了30年”。那么，他是如何一步步成就自己的呢？

沙哈尔给出的答案很简单，只有四个字：接受自己。

他没有因为自己是专家，就要求自己必须“像”专家；他也不会因为腼腆害羞而自责，也不会为紧张而焦虑，更不会告诉自己不要紧张，或是用什么方式强行的压抑紧张。面对这些具体而细微的心理情况时，他只会对自己说：我接受自己的紧张，OK，go ahead!

提到自己最初被外派美国培训的3个月，他承认自己一直很紧张，因为在一个新的文化环境里找不到自己的未知。他曾经希望自己像某个同事一样富有感染力，幽默洒脱，他还刻意花费心思去学习幽默模式，但事实上，他的感觉并不好，因为这种行为和感觉都不够自然。后来，很多人在不经意间向他透露，更喜欢他本真的样子。于是，他又做回了自己，还惊喜地发现，这种感觉特别好。

沙哈尔遇到的情形，对我们而言并不陌生，与之有别的是，多数人还没有意识到：全然悦纳自己、接纳自己的不完美，可以解决很多心理问题。我们往往在遭遇了失败时懊恼不已，想着自己为什么不能像谁谁谁一样？我们的眼睛，总是关注自己的缺陷和不足，以至于忘了去看一看自己的闪光点。

如果我们一直怀疑自己、否定自己，那么生活中的一切也会受到负面的影响。我们心中的那个声音，时刻准备着抓住我们的失误和弱点，然后做出严厉的批评，让我们背负令人痛苦的情绪，对自己感到失望，摧毁自信。如果能抛开这个声音，完全地接受自己，认为自己是值得爱的、有用的、乐观的，那么不管自己有多少缺陷，曾经犯过多少错，都可以平静坦然地接受，没有丝毫抵触与怨恨。

你一定会问：我该如何学会接纳自己？

接纳，意味着接受事实，承认事实。以形象为例，你可能嫌弃自己胖，嫌弃自己腿粗，嫌弃自己的身材比例，那么现在，你要做的就是——关注着镜子里的自我形象，试着对自己说："不管我有什么样的缺陷，我都无条件地完全接受，并尽可能喜欢我自己的模样。"

你可能觉得不可思议，明明不喜欢那些缺陷，为什么要接受？如何接受？

你要承认镜子里的那个形象就是你自己的模样，接受这个事实，会让你觉得舒服一点。有些部分可能符合你的完美标准，有些部分则不怎么耐看……这时，你不能逃避，不要抵触和否认，而是要放弃完美，放弃"公有化"的标准——即众人眼里、口中说的好，你要用自己的标准来看待自己。这样，你才能够接受自己，肯定自己，关爱自己；也唯有认同现在的自己，才能成为真正的强者。

04 由衷地相信并对自己说一句“我很重要”

“我很困扰，会好起来吗？”

“嗯，会的，会好起来的。”

“是吗？像你一样。”

“谢谢。你越了解自己和了解自己要什么，你就越不会被困扰。”

“对。我只是不知道我应该干什么，你明白吗？我尝试写文章，但是我讨厌自己写出来的东西。我也试过拍照，但是拍出来的东西很普通。每个女孩都会经历玩摄影的阶段，比如照马，或者照你的笨脚趾。”

“你会开窍的，我可不担心你。继续写文章吧。”

“但我太平凡了。”

“平凡也不错。”

这是电影《迷失东京》中一段经典的对话，一个是年轻美丽的大学毕业生夏洛特，一个是正在遭遇中年危机的过气好莱坞影星鲍勃·哈里斯，两个迷失又孤独的人，在东京这座流光溢彩的大都市中相遇，彼此陪伴度过了生命中重要而又奇妙的几天。

鲍勃告诉夏洛特，越是了解自己的个性和需要，就越不容易被外界影响。认识自己，向来都是人类最古老而又永恒的课题，从古希腊哲学家柏拉图提出的“人是用足走路的、无毛的动物”，到马克思用自然属性、社会属性来定义人；从古希腊石壁上的神谕“认识你自己”到叔本华的自问“我是谁？”，人类早已有了认识自己的欲望。

无论是正在寻找自己在世界中位置的年轻人，抑或不再年轻但也想要设法知道自己是否在正确的轨道上前行，我们都需要认识自己。认识自己可以让我们看到自我的价值，从而更好地认识世界，更好地发展自己的职业和生活，更清晰地知道“我要什么”。

知道自己想要什么，也许并不能完全解除我们对生活的困惑，但兴许会减少人生途中遇到的许多迷茫，让我们不会轻易被外界影响，迷失自己。认识自己的前提是了解，了解的前提是发现和接纳。很多时候，我们的忧虑和烦恼大都来自两点：在自我设限的时间里，发现了自我的真实特征而无法接受；抑或是，根本就没有发现真正的自己，盲目地妄自菲薄。

这样的心理被奥地利心理学家阿德勒称为自卑。他认为每个人都不可避免地存有自卑感，只是程度不同而已。

包括他自己，也有过这样的经历：阿德勒在上中学时曾一度不擅长数学，成绩从未上去过。在老师和同学的消极反馈下，强化了他数学低能的印象。直到有一天，他出乎意料地发现自己竟能做出一道连老师都感到棘手的题目，才成功地改变了对自己数学低能的认识。

在《自卑与超越》一书中，阿德勒首度表达了他富有创见的观点："人类的所有行为，都是出自'自卑感'以及对于'自卑感'的克服和超越。实际上，有太多的人从来没有意识到这个问题。与能够做到的人相比，大多数人只发展了10%的潜在能力，即使从身心两方面的总和来看，我们也只使用了很小的一部分，把自我封闭于体内极其有限的一小部分空间里。往往，我们具有连自己都不知道的各种各样的能力，却习惯性地不懂得怎么去利用。

你和我，我们都一样，也都有这样的能力。要知道，每一个人都是这个世界上全新的唯一，从开天辟地到现在，从来没有任何人完全跟你一样；而将来直到永远，也不可能再有一个完完全全像你的人。对此，我们应该尽量利用大自然所赋予的一切，不要再浪费任何时间去忧虑我们是不是其他的谁，充满自信地做好自己，唱自己的歌，画自己的画，做一个由我们的经验、环境和家庭所造就的独一无二的自己，这样绽放出来的美丽才拥有独特的魅力。

英国著名演员、剧作家诺艾尔·科沃德曾经说过：“我对这个世界相对而言无足轻重；另一方面，我对我自己却是举足轻重。我唯一必须一起工作、一起玩乐、一起受苦和一起享受的人就是我自己。我谨慎以对的不是他人的眼光，而是我自己的眼光。”

我们都应当有勇气且值得对自己说一句：我很重要！即使地位再卑微，身份再渺小，也丝毫不该影响到我们对自己的爱与信任。重要并不是伟大的同义词，它是心灵对生命的允诺。

05 真正的亲密关系，一定要让自己被看见

迪迪第一次走进咨询室，就谈起了她经常会做的一个梦：不知何故，突然赤身裸体地出现在某个地方，那一刻胆战心惊，充满了羞耻感，无论是否被人看见，都恨不得赶紧逃离，或是找个角落躲藏起来。

一直以来，迪迪都无法理解这个梦，也羞于启齿。直至在感情上遇到了困惑，来到咨询室，她才有机会把这个梦说出来。经过了一段时间的探索和讨论，结合迪迪过往的一些经历，我们一起解开了这个梦的含义。实际上，梦境中的赤裸，与性的关系不大，它的本意是真实的自我。迪迪真正试图躲藏和逃避的，并不是赤裸的身体，而是潜意识里那个真实的自己，被压抑得太久乃至已经无法辨认的自己。

在一次咨询中，迪迪告诉我，读到村上春树写的“你要做一个不动声色的大人了，不准情绪化，不准偷偷想念，不准回头看……”时，她感到莫名的心疼。她在这句

话里，瞥见了住在身体里那个脆弱无助的小孩。

现实生活中，当一个家庭遭遇意外或巨变后，原来的模式会被打破，家庭成员也会受到创伤。往后的日子里，每个成员都需要去疗愈，用不同的方式，或错或对，或平缓或激烈。

迪迪12岁那年，全家人遭遇了一场车祸，姐姐去世。父母的悲痛难以形容，就是从那时起，迪迪开始不动声色了。她不去说自己的心情和想法，所有的感受都留给了黑夜；不袒露自己的恐惧和脆弱，假装一切都不害怕；努力把一切事做到最好，让家人感到放心和踏实；承受着难以背负的压力，咬牙憋着眼泪却只字不提。

这些年里，迪迪长成了一个“乐观坚强、独立能干，做事麻利、说话很快，隐忍大度，不惜委屈自己”的姑娘。时间久了，她以为那就是“她”，但其实她已经忘了自己最初的样子。外表的强硬，内心的弱小，成了一对矛盾体，时刻在对同一个躯体进行着惨烈的撕扯。

当迪迪开启亲密关系的人生课题后，她深藏在内心的不安全感，一下子暴露无遗。面对喜欢的人，她不敢表达真心，潜意识里充斥着一个信念，不开始就不会结束，就不会有被拒绝的可能。当对方试图靠近她时，她选择了回避和隐藏，害怕把真实的自己暴露出来，怕不被接受、不被爱。她在维护一个虚假的“完美形象”，以确保心理上的安全。

如果你看过电影《心灵捕手》的话，应该更能够理解迪迪的状态。影片中的男主角威尔，是一个有着数学天赋的、放荡不羁的校园清洁工，他能在一个晚上就做出麻省理工学院数学教授兰博两年才解开的难题。教授不想威尔的天赋被浪费，很想帮他，却遭到了拒绝，因为威尔是一个内心分裂的男孩。

教授为威尔找了五个心理医生，都没能走进他的内心。他用自己的辩才和智慧，羞辱嘲笑那些心理医生，所有的做法都是在掩盖一个事实，那就是怕被人看穿，怕不被接受。他是一个孤儿，在成长的过程中，遭受过养父母的多次抛弃。

后来，威尔遇到了心爱的女孩，尽管内心很在乎对方，却不愿意进一步交往，甚至一度想要结束，声称——“现在她很完美，我不想破坏”，但他内心真实的想法是——“我给她留下的印象还算完美，我不想破坏”。

第一次会面做治疗，威尔从咨询师桑恩的画中，看穿了这位咨询师的心思。可是，桑恩没有像其他心理咨询师一样故作掩饰，而是直接表达出自己的愤怒，甚至掐住威尔的脖子。这是桑恩与威尔最直观的区别，他在感到愤怒的时候，会袒露自己的心声，表达自己的感受。

桑恩的反应，让威尔惊讶，这是一个有血有肉的、像极了普通人的咨询师。威尔卸下了防御，桑恩让他第一次感受到：当一个人敞开心扉，允许真实的自我“被看见”，不一定意味着关系会结束。

在后续的治疗中，桑恩不断地对威尔重复着一句话：“不是你的错。”无论威尔做出什么样的反应，他都在不停地说这句话。最后，威尔抱着桑恩失声痛哭。那一刻，他真的与过去握手言和了，也终于意识到了，那一段被抛弃的经历只代表过去，不是他的失败，不是他的过错，而他应该活出自己本来的样子，追求自己想要的幸福。

许久以后，迪迪也明白了这一点：在我们全然爱上自己之前，我们无法真正爱上任何人。要与他人建立深层的关系，要先学会接纳自己，用真实的自己去跟对方进行情感沟通，才能在互动中获得理解、认同；只有接纳了不完美，才能由内至外地充满力量。这种力量是平和的，温柔的，慈悲的，因为它饱含了对自己、对过往的包容与爱。

06 更好地成为你自己，胜过成为更好的你

每当累了想要放松时，我常会驱车到50公里外的一个山村民宿，安静地小住2天。那儿离家不太远，既免除了舟车劳顿，又能换一个环境，滋养身心和精力。

近3年，打理民宿的一直是女孩Annie，她笑起来有一对浅浅的酒窝，甜美又亲切。我很喜欢她，这姑娘话不多，却总能很好地回应他人的感受，有一种与生俱来的感受力和共情力。偶尔，我们会在晚上小酌一杯，望着山顶露出的月亮，聊聊看过的书、电影，生命中遇到的人，以及鲜少谈及的小秘密。

Annie喜欢一个男孩，他也是民宿的常客，我曾有缘见过一面。他周身散发着阳光般的气息，穿着白色的球鞋，留着清爽的发型，言行举止很有素养。Annie说，男孩读书很多，两个人之间有许多共同话题，在一起的感觉很好。

他们互诉过烦心的事，分享过生活里的惊喜，也说起过各自心中理想的对象。Aimee清楚地记得，男孩喜欢留长

发的姑娘，穿淡蓝色的衣服。也是从那时候起，Aimee不再去修剪齐肩的头发，开始蓄起长发；露台上的桌布，也被她换成了清新的淡蓝色；桌上多了几盆铜钱草……这些改变悄无声息，不仔细留意的话，很难察觉。

不久前，我又去了民宿，看到室内的装饰和Annie，感觉都有了变化。晚上小酌谈心，Annie告诉我，那个阳光男孩有了女朋友，前几天一起来山里玩，也来了民宿。那女孩留着一头清新的短发，穿着一件红色条纹的五分袖上衣，一条白色的短裤，完全不是他当初说的理想形象。Annie觉得很诧异，没想到遇见了对的人，一切假设都会成为泡影。

那天晚上，Annie给我讲了一些她的往事。

读高中时，班里的学习委员身材纤瘦，穿紧身的牛仔裤和白色T恤很好看。Annie很羡慕，就拼命地节食减肥。结果，把自己折腾成了低血糖，脸色蜡黄、皮肤干枯，一点精神都没有。体重虽然下来了，可穿上同款的衣服，依旧不是理想中的样子。后来，Annie买了一件宽松的白衬衫，直筒的浅色牛仔裤，穿起来很随性。从那时候起，这也成了Annie最常见的装扮。她也不再追求纤瘦，就保持着118斤的体重。

填报志愿时，她羡慕当律师的表姐，也想过报考法律专业。可当表姐把一大堆枯燥的法律书摆在她面前时，她瞬间头就大了，立刻斩断了先前的想法，选择了自己喜欢的酒店管理。大学毕业后，不少同学都选择去大型的酒店就职，热爱自由的她，却一心想做有特色的民宿。

Annie说到这里时，我终于意识到了，这次见面的"怪怪"感觉是怎么回事了。

在此之前的两年，Annie在努力成为男孩理想中的样子，穿着淡蓝色的裙子，编了两条小辫子，但那并不是Annie喜欢的，事实上也并不适合她。这一次，她恢复了齐肩的梨花头，蓬松而不凌乱，穿着宽松衬衫和牛仔裤，透着随意而慵懒的气息。民宿的墙上贴上了仿古砖的壁纸，音乐换成了《卡萨布兰卡》，桌上的铜钱草换成了淡雅的雏菊。

聊完这些事，我们静坐了十几分钟。之后，我跟Annie分享了自己看过的一段话："如果你是一颗萝卜种子，那就努力自由地生长成一棵你所能长成的最好的萝卜；如果你是一棵青菜种子，那你就该成长为一棵你所能长成的最好的青菜！不是做那个最好的萝卜青菜，也不是做别人喜欢的萝卜青菜，而是你所能长成的最好的萝卜青菜。"

在写下这段文字的前一天，我刚刚读完欧文·亚隆的自传《成为我自己》，他用质朴真实的语言记录了他"成为自己"的历程。毫无疑问，欧文·亚隆是当今世界上最著名、最有影响力的心理治疗大师之一，但我相信许多看过这本书的朋友一定与我有相似的感触，亚隆先生令人敬佩的绝不仅仅是他在心理治疗方面的伟大成就，而是他能够坦然地把自己最真实的生命经历娓娓道来，有恩爱、荣耀与辉煌，也有悔恨、无助与彷徨。

欧文·亚隆的一生都在探索、分析和重建自我，可到了耄耋之年的他，依然说自己的内心深处有一泓永远都处理不了的流水。那又怎样呢？每个人都是不完美的，生活也总是有缺憾的，能够接纳自己、接受不完美，像亚隆先生这样坦然面对“我与母亲的关系是我一辈子的伤痛，我可能永远也无法摆脱”，而后带着伤痛继续前行，不正是从旧我中生出新我，从心理创伤中找到力量的正解吗？

我无比地热爱这位真实的老人，他用真诚的态度让我理解了一个真谛：你可能无法成为更好的自己，但你一定可以更好地成为你自己。在心理治疗方面，亚隆先生的成就是常人难以企及的，可他同时也和千千万万的普通人一样，对父母有爱恨怨憎，也曾回避过自己的某些部分，他并不完美，却无比真实。正是这份真实，给许许多多的人带去了力量，让他们更优雅、更有勇气地面对生活，更好地成为自己。

07 奔跑的你值得爱，累了的你更值得善待

我不止一次和朋友分享过圆谷幸吉的故事：他是日本的一位长跑运动员，年少时就跑遍了自己家乡所有的道路。1964年，日本主办奥运会，他被选入国家队，参加马拉松比赛。

比赛的那天早上，圆谷幸吉照例喝了一杯茶出门比赛，像已经多次完美地做过的那样冲出去。他的双腿受过最严苛的训练，其他的选手很难跟上他的节奏。半程过后，他的胜利几乎已无悬念。可是，不知不觉间，一个叫阿比比·比基拉的人加快了步伐，在距离体育场3千米的地方超过了圆谷幸吉。最后100米的时候，圆谷幸吉看到另一个对手也超越了自己，他想要加快速度，但习惯于固定奔跑速度的心脏和肌肉骨头，没办法承受这些额外的任务。

比赛结束，圆谷幸吉只得了第3名。他向所有国民鞠躬道歉，保证在下一次墨西哥奥运会上再创佳绩。事后，他

照常训练，但他跑的距离越来越短，越来越面无表情，时间在盗窃他的力量，每一步都如同在给他增加负重。

终于有一天，圆谷幸吉没有从家里走出来。当他的家门被用力撬开时，人们发现，圆谷幸吉用刮胡刀片切开了颈动脉，他的运动服仔细地放在地上，而他就躺在自己的马拉松鞋旁边，桌子上放着他亲笔写的遗书：

“父亲，母亲大人：这三天的山药很好吃，柿饼、糯米糕也非常好吃。敏雄哥哥、嫂子：你们的寿司很好吃；岩哥、嫂子：你们的紫苏饭和南蛮咸菜好吃极了；喜久造哥哥、嫂子：你们带来的葡萄汁和养命酒非常好喝，我还要感谢你们经常为我洗洗涮涮……”

字字句句，那么地诚实美好，哀动人心。这封遗书里没有丝毫的夸张、虚荣，全是对父母哥嫂平日里小恩小惠的感激，全是对世俗絮絮叨叨的留恋。只是，他在遗书中的最后写了一句：“我累了，再也跑不动了。”

读到这句话时，我对圆谷幸吉充满了理解，也充满了心疼：他把跑步当成了人生的全部，把名次当成了自我价值的标尺；他努力去满足外界对自己的期待，试图在每一场比赛中都能够成为最出色的跑者。即使身心俱疲，不再有动力，甚至难以忍受，却依然靠着惯性和压力不断苛求自己，而不敢公开地说一句：“我累了，我不想再跑了。”

生活中像圆谷幸吉一样的人并不在少数，只是存在的形式不尽相同。有人把价值标准看得过于单一，要么荣耀加身，要么落寞离场；有人把坚强定义得太过刻板，咬牙挺住是英雄，承认脆弱是懦夫。为了求第一，为了求更好，他们像圆谷幸吉一样奔跑在路上，不断地向自我发起挑战，几乎每时每刻都有制订好的计划。上班时忙不停歇，下班后努力充电，休息日还要加班，偶尔也会觉得累，或是情绪烦躁，可依然不敢停下来，似乎只有奔跑才是活着的证明，才是有价值和意义的选择。

一位咨询师朋友在微信上发过一个问题调查，大致意思是说：如果有两套房子，一套自住，一套出租，有30万存款。倘若有孩子的话，就读于公立学校，暂时不需要在教育上花费太多经费，家里老人身体无大碍。在这样的条件下，如果你感觉很累，你敢不敢辞职休息？停下来的期限是多久？不敢停下来的原因是什么？

在回答这一问题的人中，敢停下来的只有1/5，其余的人都表示不敢停下来。可见，身处在这个焦虑泛滥的时代，多数人都不敢让自己停下来，因为现实生活的压力摆在眼前。

然而，这一切的前提是身心都处在健康的状态下。如果明显感觉身心已透支，却还是苦苦苛求自己，不敢说一句“我累了，需要休息”，咬着牙、硬着头皮往前冲，那不是坚强，而是逞强。有些时候，停比走更难，也更需要勇气，我们要爱奋斗奔跑的自己，也要爱那个一时脆弱的自己。

CHAPTER 3

不取悦旁人，
不讨好世界，不将就自己

当我真的愿意看见自己时，我可能还会痛，但已经不再抱怨。我深知，这痛，只因遇见真实的自己。曾经那个不懂爱的自己，透过痛，生命正在穿越和成长。

当我真的愿意看见自己时，我可能还有伤，但我已不再盼人来疗伤。我深知，通过深入生命的实相，我自己能够疗愈一切的伤口。

当我真的愿意看见自己时，我或许还有未知，但我已经愿意去面对。我深知，我的内在有一个真正的宇宙，生命里所有的智慧，都在里面蕴藏和发酵。

——摘选《当我愿意看见自己时》

01 一生都在讨好的人，注定不会被珍惜

“生而为人，我很抱歉”，这是松子的座右铭。

小时候的松子单纯漂亮，渴望被疼爱、被关注。无奈，父亲把更多的关注都给了久卧床榻的妹妹久美。松子想赢得父亲的关注，她努力地读书，凡事都按照父亲的意愿去做。有一次，她无意中做了个鬼脸，惹得父亲发笑。自那以后，鬼脸就成了她的招牌表情。每当想讨好别人的时候，或是不知所措的时候，她都会不自觉地做鬼脸。

长大后的松子，成了一名老师。一次，为了保护心爱的学生，松子顶替了偷窃的罪名，没想到却遭到学生背叛，因而被学校开除。至此，松子开始了她落寞而悲惨的一生。

她和一个落魄的、有暴力行为的作家交往。屡屡被打的松子从未离开，而他却在郁郁寡欢的颓然中，选择了自杀。作家男友去世后，同为作者的冈野健夫因嫉妒松子的前男友，选择把松子占为己有。当冈野被妻子怀疑后，他

主动与松子提出分手，并告知从未喜欢过她。

松子再一次体会到了被抛弃、被冷落的感觉，她开始走向堕落，去做脱衣舞女，因为曾有人认可过她的身材。后来，夜店的生意愈发惨淡，松子失业了。她开始跟一个不三不四的男人一起，而对方把她辛苦赚来的钱都给了另一个女人，松子在愤怒中杀死了那个男人。

松子想畏罪自杀，却意外被长得不起眼却很善良的理发师岛津贤治救下。那个男人对她说："不管你的过去怎么样，我希望今后和你在一起。"松子太渴望这样的安定，就和岛津一起像普通夫妻那样生活。但不久之后，警察还是找上门来，松子开始了牢狱生活。

八年的监狱生涯，松子并不颓废，她心里是有期待的，渴望出狱后跟岛津在一起。所以，她努力地学习剪发，练出了娴熟的技术。可当她走出监狱的高墙，再次来到岛津的理发店门口时，看到的却是岛津和另一个女人默契地合作，他们已经有了孩子。

绝望的松子，一个人走在路上，孤独侵吞了她的灵魂。在那个雨夜，她戏剧性地遇到了当年让她顶替偷盗罪名的学生龙洋一。他现在是黑社会的一份子，松子知道自己和龙洋一不会有好结果，却安慰自己说："孤独一人是地狱，和他在一起也是地狱，两个人总比一个人好，起码不孤单。"这样的错误抉择，换来的是龙洋一对她一次又一次的暴打。

此时的处境，与松子跟作家八女川在一起时很像，这两个男人都没有爱人的能力。松子的想法更可怜，就算被打也比孤独一人要好，至少能证明自己存在。龙洋一最终没有逃脱坐牢的命运，松子一直等他，可他想到自己无法给松子幸福，刑满释放后毅然离去。

龙洋一的离开，成了松子毁灭的开始。

从此，松子不再相信爱，也不再去爱任何人。她的人生没有了目标，自暴自弃的她，逐渐成了一个慵懒肥胖又丑陋的妇人，在外人眼里就是一个精神有问题的“臭老太婆”。她不断地在墙上写着八个字：“生而为人，我很抱歉。”

曾在监狱里被松子的“积极”感化的另一位女犯人，出狱后开始寻求自己真正想要的生活，事业和感情越来越成功。她几次想帮助松子，却都遭到了拒绝，但还是给她留了名片。

直到有一天，松子躺在床上，幻想着用剪刀为妹妹久美做了一个漂亮的发型。她似乎醒了，知道自己是有价值的，还有这样一门精湛的手艺。于是，她走出家门，开始去找自己扔掉的那张名片。或许，松子已经决定要重新开始了。可谁又想到，几个顽皮的孩子，竟然用球棒打了松子的头。53岁的松子，就这样结束了她悲惨凄凉的一生。

松子一生都在讨好他人，而一生似乎都在被嫌弃。

童年时期被父亲“嫌弃”，还有一个不太喜欢她的弟弟；恋爱后频繁遇到渣男，遭到背叛和毒打……是命运太不堪吗？也许，真正值得去反思的，是操纵命运的舵手吧！松子的人生是一场悲剧，可抒写这个结局的人，恰恰是她自己。她看似被很多人嫌弃，其实最嫌弃她的人，是她自己。

哈丽雅特·布莱克在《讨好是一种病》中解析过：很多人认为讨好是一种良性的心理状态，毕竟被当成一个好人看起来是不错的，但实际情况是，许多讨好者不只是简单地取悦他人，而是无法控制地讨好他人，下意识地牺牲自己，甚至对来自他人的赞赏和认可上瘾。可悲的是，讨好型人格者付出再多，也难以换得他人的珍惜，甚至还会被人讨厌。

讨好型人格的形成，与早年的经历有关，但并不意味着我们一生只能受其所困。当过去的阴影和伤口被看见——不是被他人看见，而是被自己看见，我们就能避免强迫性重复的痛苦循环。人只有先温暖了自己，才有能量去爱别人；人只有先珍视自己，才能让别人重视自己。你对待自己的方式，决定着别人对你的态度。

02 停止内在的批判，真实本就有好有坏

尼采说："每个人距离自己是最远的。"很多时候，人最不了解的是自己，最容易疏忽的也是自己，能够做到客观正确评价自己的人，终究是少数。特别是在身处逆境的时候，无论是否真的愿意，都会忍不住地倾向于自我攻击、自我贬低，甚至选择自暴自弃。

哈佛大学心理研究中心的资深教授乔伊斯·布拉德认为：自我评价是人格的核心，它影响到人们方方面面的表现，包括学习能力、成长能力与改变自己的能力，对朋友、同伴和职业的选择。不夸张地说，一个强大、积极的自我形象，是为成功做的最好准备。相反，真正会打败我们的，不一定是外界的环境和事件，而是消极的信念与自我评价。

如果我们无法对自己做出客观的评价，就会习惯性地低估自己、怀疑自己，很难做到自尊与自爱。想要的不敢去争取，觉得自己不配得到；有机会不敢去争取，不相信

自己有能力做到；看不到自己的长处，总是拿自己的短处去跟别人的长处比较，强化内心的消极信念。

就像《蛤蟆先生去看心理医生》里所写：“每一种批判比自我批判更强烈，也没有一个法官比我们自己更严苛。”在现实生活中，时刻影响我们自尊水平的因素，不是外部环境，而是我们的想法。从这个角度来说，软弱的根源就是自我价值感太低。

那么，只有优秀的人，才配得自信吗？当然不是。

优秀是相对的，每个人都不完美，个性特质也不尽相同，但这并不妨碍我们相信自己、肯定自己。问题的关键在于，我们是否能够看见真实的自己，客观地去评价自己，比如：你可能长得不漂亮，但你很健谈，善用语言与人沟通；你可能有点孤僻，但头脑冷静，总能理性地分析问题……我们都是独特的，都有自己的优势和短板，不存在一无是处的人。

看过电影《阿甘正传》的人，一定还记得出现在镜头下的那根羽毛，它在空中时而迎风飞舞，时而缓缓飘荡，像极了阿甘的人生。阿甘是一个智商只有75的人，可他却活出了常人都难以企及的精彩，长跑、打乒乓球、捕虾、投资……几乎做什么都成功，他经常挂在嘴巴一句话是：“我妈妈说，要将上帝给你的恩赐发挥到极限。”

其实，这部影片是在借助阿甘这个特殊的角色告诉我们：无论你是多么平凡，多么普通，那都只是一个表象，不要为此对自己感到失望，更不要为此而感到自卑，因为你不知道自己身上隐藏着什么样的潜能，能抵达什么样的山顶，看到什么样的风景。

纳尔逊·曼德拉说得好："我们最深切的恐惧并不是来自我们的胆怯，我们最深切的恐惧是我们无法衡量自身的强大。我们常问自己，谁具有才华、天赋，并能创造神话，而谁不能？其实，我们与生俱来就拥有上帝般的才华。"

人生最重要的关系，是自己与自己的关系。很多时候，我们感到焦虑、愧疚、自卑、懦弱，不是因为我们不够好，而是因为内在有一个严厉苛刻的批判者，不停地对我们进行挑剔和指责——你不够聪明、你能力不足、你不漂亮、你胆子太小，等等。认同了这些话，我们就会持续地吸引他人强化这些声音，进一步地自惭形秽。

要摆脱内在批判者的控制和支配，就要提高觉察力和辨别力。当你在生活中遇到问题，忍不住想要进行自我批判的时候，试着先安静下来，思考一下：这究竟是事实，还是头脑中的想法？如果是事实，思考自己要为眼前的处境承担多少责任？自身存在什么样的问题？往后遇到类似的情形要注意什么？这种客观理性的分析，有助于避免简单机械地把内在批判的声音当成真理。在经过思考和分析后，如果发现头脑中那个“自我批评的声音”不是事实而是想法时，不要去认同它，也不要去对抗战斗，试着跟它们保持一点距离，允许它们存在，任它们滋生姐妹，把它们当成一种背景音乐，然后去做自己认为更值得、更重要的事。

当我们不再受困于内在专横苛刻的批判声，学会用客观公平的目光全面地审视自己，就能够更好地探索出属于自己特有的标准和自信，收获稳定而持久的安全感，有足够的力量去承认——我不必完美，真实本就意味着有好有坏。

03 把天性发挥到极致，就是最大的才华

20年前，两个孩子正在客厅看电视，这时家里来了客人。

哥哥笑呵呵、有礼貌地称呼客人们“叔叔阿姨”，告诉他们自己在幼儿园学会了新歌谣，然后大大方方地在人前表演。大人们夸他很棒，他在表演完之后，鞠了一个躬，向在场的观众们道谢。大人们笑得合不拢嘴，说这孩子性格真好，将来到社会上也会备受欢迎。

弟弟的表现完全不同，看见家里来了客人，就躲到了妈妈身后。他不敢抬头，也不再说话。客人问他今年几岁了，他默不作声，最后竟拉着妈妈的衣角，吵着要出门。当时，不只是客人感到有些尴尬，就连孩子的父母，也觉得这孩子太害羞了，性格内向，不利于将来的学习和发展，还讨论着怎样能让孩子性格变得开朗一些？

20年后，两个孩子都已长大成人，同坐在客厅的沙发上。

那个曾经在客人面前彬彬有礼的哥哥，一边刷着手机，一边吃着零食。他变得油嘴滑舌、浮躁不安，父母说他不省心，三天两头换工作，没有常性。那个当初害羞得不敢说话的弟弟，却在沙发的另一端看着书，他踏踏实实地上着班，已经成了公司里不可或缺的技术骨干。

相信你在生活中，也曾听过或见过类似的情形，把性格与人生捆绑在一起，甚至不惜花费代价去刻意改变内向的特质。其实，性格本身不存在好坏之分，内向与外向是个人对待特定环境的两种不同的反应形式，或者说是两种不同的精神系统特点。

糟糕的是，大众化的认知让多数人误以为，外向的人能够在交际上更游刃有余，能够抓住更多的机会；内向者不太懂得表现自己，不太会沟通，会在人生发展上受限制。更可怕的是，这种认知直接影响了许多内向性格者本身。他们为了赢得外界的认同，获得他人的好感，不得不假装笑脸。表面上看来，他们是在一步步地改变，实际上他们却让自己陷入了严重的性格冲突中，失去了自我。

世间从来都没有绝对的事。一个性格外向的人，也会有害羞的时候；一个人性格内向的人，也会有不畏惧表达自己的时刻。重要的是，每个人能够认识自己，接纳自己，不断改变自己对世界的错误认知。内向者与外向者，没有好坏优劣之分，只有不同之别而已，没有谁比谁更出彩，这就如同一把火炬和一只灯笼，外形和材质不同，却都有自己独特的发光方式。

有这样一则寓言故事：国王想整修城里的一座寺庙，派人四处寻找技艺高超的设计师，希望能把寺庙整修得庄严美丽。最后，侍者找到了两组人：一组是京城里有名的工匠，另一组是貌不惊人的和尚。

为了看出哪一组技艺更高一筹，国王让他们各自整修一座小庙，且这两座小庙面面相对，三天之后看结果。工匠组向国王要了一百多种颜色的颜料，以及大量的工具；和尚组只要了一些抹布和水桶等简单的清洁用具。

三天之后，国王来了。工匠组用精巧的手艺和颜料，把寺庙装饰得五颜六色，国王满意地点点头。接着，他又走到对面的小庙前，看看和尚组的工作成果：那小庙非常干净，里面所有的物品都显出了它们原来的颜色，那些东西的表面就像镜子一般，无暇地反射出外界的色彩：天边的云彩，院子里随风摇曳的树影，还有对面那个五颜六色的寺庙，它们都成了这座小庙的一部分。颜色虽清淡，却给人宁静舒适之感，国王也被它的庄严和质朴感动了。

寺庙的风格特点，本就是宁静与朴质，用大量的颜料涂抹掉本来的面目，纵然光鲜亮丽了，却失去了灵魂。造物如是，做人也一样。也许你天生不善言谈，那是你的本色，何必忧心忡忡地想要改变，强迫自己在人前滔滔不绝？也许你天生多愁善感，那是你的性情，何必违背内心而显示你的坚强呢？如果你生性平和淡泊，缺乏冒险的精神与承受力，且对自己现在的生活比较满意，那又何必为了追逐别人口中的辉煌勉强自己做出改变呢？

树有树的风采，草有草的可爱；山鸡披上了孔雀的外衣，终也变不成凤凰；丑小鸭学着天鹅的嗓子，也难以成为歌王。世上没有完全一样的人，也不存在哪一件事物就比另一件更好。造物主给了每个人独一无二的天性，能把自己的天性发挥到极致，那就是才华。

04 别因他人的一句评价，把自己变成傀儡

人在一生中要做出无数个决策，大到婚恋、择业，小到购物、出行，但无论做哪一件事情，都免不了会咨询他人的意见，抑或是被他人所评议。这些外部环境灌输给我们的观念，通常会直接影响我们的行为。

传道士比尔在监狱里传福音时发现，有90%的犯人都曾被父母无数次地贴上过这样的标签："无论你怎么努力，到头来还是会回到监狱！"不断地听到这样的评价，多数犯人都会信以为真，即便是很有主见的人，也难以做到不动摇。

他人的评价，有时可以帮助我们更好地认识自己，但这并不代表所有的评价都是正确的，更不意味着我们要全盘接受这些评价，并将其中那些否定自己、怀疑自己的话，视为真理或预言。倘若如此，无异于沦为了他人的傀儡。

美国知名女演员索尼娅·斯米茨年少时曾被班里的一个女生嘲笑长得丑，跑步的姿势难看，为此她还在父亲跟

前大哭了一场。父亲听完后笑了，并没有安慰她说“你很漂亮，跑步的姿势也很好看”，而是说“我能够得着家里的天花板”。

索尼娅·斯米茨不解，她想不到父亲怎么会把话题扯到天花板上，更何况天花板足足有4米高，父亲不可能够得着。望着她疑惑的表情，父亲问：“你不相信，是吗？”索尼娅点点头。父亲接着说：“这就对了！所以，你也不要相信那个女孩子说的话，因为不是每个人说的话都是事实。”

如果索尼娅听信了同学的评价，坚信自己相貌很丑、跑步姿势难看，那么多年后的她一定很没有勇气自信地站在镜头前，尽其所能地饰演角色。如果一个人在内心不断地暗示自己：“我不够漂亮，我的动作不够优美……”，那么无论做什么都很难专注于事情本身，内心的杂念会成为一道屏障，令他无法将真实的才能展示出来。

安东尼·罗宾说过：“人类生来是为了成就事业，每个人的生命力都有一颗伟大的种子。你是一个有价值的人，有能力创造美好的事物。即便外界给你不好的评价，你也不要放弃自己，毕竟你是唯一能够决定如何开发自己潜能的人。”

世间有许多颇具才能的人，但大多数人终其一生都没有跻身于成功者的行列，最根本的原因就是，大多数人没有勇气把世俗的压力变成动力。他们在怀疑和否定面前无所适从，将自身困在了外人强加于己的局限中。至于那些穿过外界的一切阻挡的强者，无疑都有着绝对的主见和自信，就像乔丹说过得那样："如果有人取笑我，或者怀疑我……那将成为我超水平发挥的动力。"

达·芬奇在画《最后的晚餐》时，耗费了整整4年的时间。那4年里，他不断受到外界的质疑，有人说他是个骗子，根本没有真才实学。对于这些猜测，达·芬奇选择不理会、不计较，专心作画。为了塑造好那位叛徒的形象，他不惜花费了一整年的时间去寻找"坏蛋"，对他们进行细致入微的观察……在自信和勤奋之下，《最后的晚餐》最终成了一幅惊世之作。

人生的舞台很大，会有各种角色蹦出，也会出现不同的声音，但不管怎样，这场戏的导演始终都是你自己。他人对你的评议就像一块石头，你可以选择被它绊倒，也可以选择把它踩在脚下，当作成就自我的基石。

05 在做任何事情之前，不要急着否定自己

曾经，一位高中女生打电话给哈佛心理学教授沙哈尔，谈及自己的家庭、学业和人际关系。在整个谈话的过程中，女孩表现得很压抑、很痛苦，不停地在强调“我真的什么都不行。”

她告诉沙哈尔教授，自己和同学的关系很不好，大家都不喜欢她；她的学习成绩很一般，老师对她视而不见；她喜欢的男孩对她非常冷漠；母亲将所有希望寄托在她身上，可她却总是令人失望……她似乎对一切都失去了失望，感觉生活一片灰暗。

沙哈尔教授问她，为何要打这个电话？女孩回答说，也许只是想找个人说说话。接着，她又开始强调自己的种种问题：不想聊天、不想上学、不想说话，等等。沙哈尔教授很疑惑：究竟是什么原因，才会让一个女孩把自己形容得如此不堪呢？

经过进一步的交谈，沙哈尔教授得知：女孩的父母都

是老师，对她要求甚高，很多都是她做不到的。在家的时候，父母时常指出她的不足，并加以指责。长期生活在被否定的环境里，女孩也受到了影响，总觉着自己各方面都不如别人。

在电话里，沙哈尔教授帮助那个女孩发现她的优点，比如乖巧懂事、声音优美、有礼貌、语言表达能力强、有上进心。女孩很惊讶，在此之前从未有人这样说过，她也并未将这些东西视为优点。沙哈尔要求女孩把这些优点写下来，至少写满10条，每天大声地念几遍；要是发现了新的优点，也要一并加上去。女孩高兴地答应了，情绪比开始缓和了很多。

第二天，沙哈尔教授就将女孩的故事作为典型案例，讲给了自己的学生。他严肃地告诉学生："在我们身边，可能也有很多人像这个女孩那样，觉得自己什么都不行。但是，我希望你们今天听了这堂课后，彻底打消那种念头。无论什么时候，在做任何事情之前，都不要急于否定自己。"

回想一下：你有没有把自己关在心中的樊笼里？是不是经常把"我就是这样"挂在嘴边？如果你一直秉持这种态度，那你根本就是在扼杀自己所有的可能，一旦你标定了自己是什么样的人，你就等于在否认自我。如果你的潜意识完全接受了这样的消极暗示，时间久了，你就真的会朝着那个方向发展。

否定自己就像是在心底为自己钉下了木桩，不仅让心情沉重，也阻碍了能力的发挥。想要超越自己，做出成绩，无论别人怎么看你，你都要对自己充满信心和肯定。只有具备这样的信念，你才能够突出重围，成为最好的自己。

多年前，有一个相貌丑陋的美国人，他走在街上总能招来行人的回眸。他从来不修饰自己，到死对衣着都不讲究，一直穿着窄窄的裤子，伞套似的上衣，戴一顶高顶窄边的大礼帽。这样的装扮，再配上难看的走路姿势，让瘦高的他看上去很滑稽。

他出生在一个小地方，虽然后来身居高职，可他依然不穿外衣就去开门，不戴手套就去歌剧院，甚至在公众场合忽然不言不语、犹豫起来。无论在什么地方，法院、讲坛、农庄、国会，甚至是在他自己的家里，他都显得格格不入。

他的出身很卑微，母亲是私生女，但这并未影响他的未来。他凭借着自己的睿智与情操，凭借着顽强的毅力和莫大的自信，使自己凌驾于所有缺点之上，成为了美国最有名的总统之一。至今为止，他的雕像依然是华盛顿的一道标志，他就是林肯。

拿破仑·希尔说过，许多天资聪明、思路敏捷的人，无法发挥自身长处的原因，不是他们不想参与，而是他们对自己缺乏信心。他们的脑海里形成了消极的自我概念，即对自我的一种否定的认识，导致他们在行动上有意无意地显得难以接近和沟通。反之，当他肯定自己是可爱的、被人接受的时候，往往就会表现得愿意与人沟通，且沟通得越多，自信越强。

无论什么时候，做什么事情，都不要先急着去否定自己。在别人肯定你之前，你要先肯定自己；想得到巅峰的成就，你先要有巅峰的状态。强者和弱者最大的区别，并不在于最后的输赢，而是在输赢未卜的情况下，你是敢放胆一搏，还是未战先怯？

06 你觉得自己好看，比你真的好看更重要

国庆节前夕，我见到了阔别十年的嘉悦。

尽管做了多年朋友，但我几乎没有见过嘉悦素颜的样子。大学军训那么辛苦的日子，她都坚持5点钟爬起来化妆。

嘉悦的妆化得很精致，但无形中还是会给人带来一种距离感。跟她不熟的人，往往会觉得这女孩很高冷，不太好相处，但其实并非如此。大学毕业，嘉悦到国外读研究生，后留在国外工作，极少回来。起初，她还会在社交平台更新状态，发布一些照片，依旧是浓艳的妆容，时尚的穿着，和原来没什么两样。后来，忘了是从什么时候开始，她就好像销声匿迹了，偶尔会曝出两张风景照，而她自己从未再露过脸。

如今再见，那个红唇白肤的女孩，已经变得让我不敢相认了。她梳着一头瀑布般的黑直长发，穿了一件米色的中袖冰丝衫，淡淡的妆容透出了一抹知性淡然的味道。

“咦，你居然敢不化妆出门啦？”我调侃地说。

“是呀，三十几岁的女人，活越有勇气啦!”

嘉悦笑起来，眼睛弯弯的，像一道月牙。

“什么东西这么强大，能让你‘脱胎换骨’？”我忍不住问她。

“也没什么特别的，就是敢面对自己了吧！”嘉悦淡淡地说。

蜕变之后的人在说起过往的经历时，总是云淡风轻，但过程中的挣扎唯有他们自己最清楚。嘉悦故意把脸靠近我，说：“看，我的皮肤没有别人说得那么好。以前很怕别人发现，就用化妆来掩盖，但这个东西治标不治本，越是化妆皮肤越差。以前，我特别享受别人夸我皮肤好的那种感觉，可每次卸妆后，我看着镜子里的自己，就想发脾气。”

“那后来……你怎么敢素面朝天了？”

“我读研一的时候，生了一场病。当时挺严重的，是我的室友把我送到医院，那些天我已经顾不上仪表了，因为实在太难受了。没想到的是，室友居然跟我说：‘你不化妆的样子，看起来挺清秀的，有一种自然的美。’那是我第一次听到这样的话，心里竟有一丝感动。那次病愈后，我就逐渐尝试化淡妆，甚至是素颜见人。

“起初，会有一点不适应，怕别人盯着自己看。到后来，越来越多的人跟我说：‘Melissa，你越来越漂亮了。’我才意识到，原来真实的自己没有想象得那么‘见不得人’。不化妆以后，我觉得轻松了很多，好像有更多的时间去享受生活了，而不是每天想着怎么去掩盖不够白的皮肤、单眼皮……到后来，我竟也喜欢上了每天醒来时的自己，虽然看起来蓬头垢面的，可对着镜子照的时候，我没那么‘讨厌’自己了。”

不知道是不是很多女孩都有过类似的经历和感受，至少我是有过的。从小到大，我的皮肤也不是那么好，脸颊上有着星星点点的小雀斑。为了这些雀斑，我跟自己较了很多年的劲。过去很多年，我在跟人聊天时，都不愿意直视别人的眼睛，生怕他们会嘲笑我的小雀斑。

我偷偷地哭过，埋怨过，为什么让我长斑点？我时常会留意周围的人，看是否也有人和我一样，再看看他们是怎么面对的？很可惜，在别人的身上我始终没有找到自己的影子，不管怎么比较，都无法安慰那颗自卑的心。

有那么几年，我把所有的不顺都归咎于皮肤不好、长得不够漂亮。现在想想，真是傻得可以呢！直到工作的第2年，我终于找到了自己的方向，逐渐步入奋斗的正轨。工作带给我成就感和自信，让我逐渐敢抬起头跟人交谈，也让我变得爱说爱笑。奇怪的是，好像生活也变得顺当了，小雀斑似乎并没有阻挡这一切的发生。

后来，我到医院皮肤科做了祛斑的项目。做完之后，小雀斑确实比以前少了，也淡了，但我发现，内心的感受并没有多年前所想象得那么兴奋和激动，而我的样子也并没有因为雀斑少了几个而发生巨大的改变。我终于意识到，所有的问题不是出在脸上，而是出在心里。

当我们介意别人会发现、会嘲笑某一件事、某一个缺点的时候，往往是我们自己对它心怀芥蒂；当我们害怕别人不接受真实的自己时，是我们自己不肯接受真实的自己。敞开心扉，直视一切，也许你会意识到——你觉得自己好看，比你真的好看更重要。

07 不将就不凑合，是对自己最大的尊重

11年前的春天，我接到了久未见面的女友翠翠的电话，告诉我她要结婚的消息。问及具体的日期，偏偏不巧，公司正好安排了出差，且各项事宜都安排好了。我有点为难，只好如实告知原委，但也答应她，如果公司这边能协调一下，我定会如期参加。

我本以为，翠翠听到这个消息会略感遗憾，却不承想，她冒出了这样一句："没事儿，这次来不了，就等下次吧！"我当时真是诧异了，结婚对任何一个女孩来说，都是一件重要的事。这眼下，婚礼还没举行呢，竟然脱口而出"下次"。言外之意，似乎心里已预料到，迟早会分道扬镳。

我确信，翠翠不是在开玩笑。她的语气里，没有期待和喜悦，有的却是淡淡的不屑一顾。一时间，我都不知道该如何接话茬了。我只好假装认为她在调侃，试图圆一下这个尴尬的话题："这玩笑开的，越来越不靠谱了！"

翠翠还是一副淡淡的口气：“我说真的呢！他比我大好几岁呢，别人给介绍的，刚认识三个月。等你到了我这份儿上，你就知道了，其实跟谁结婚都一样。”

跟谁结婚都一样？怎么可能呢！我没有出席翠翠的婚礼，一来公司的事情的确走不开，二来我也是心里不舒服，只好托人带去了礼金。倘如他们是满怀憧憬地开始新生活，我愿意送去祝福，见证真爱，可我实在想象不出翠翠会是什么样的心情，是强颜欢笑，还是心灰意冷？无论哪一种，我都不忍看到。

终究，翠翠还是没有告诉我，她为何要草率地结婚。是迫于社会舆论、家庭压力，还是由于内心孤寂？我猜不出。无论怎样，都不值得随随便便交付自己的一生吧？何况，那年的我们，不过是二十五六岁的年纪啊！就算曾经受过感情的伤，但又怎知将来不会再遇见对的人？究竟是时间辜负了等待，还是自己先败给了生活，丢掉了信心与耐心，觉得等不起、等不来了？

亲爱的，时间还尚早，你急什么呢？又怕什么呢？

品一壶好茶，得花一点时间和心思。烧开水，看着绿绿的茶叶在沸水中轻轻舒展开来，慢慢融入清水中，散发出沁人心脾淡淡的幽香……似乎所有美好的事物，总是需要沉下心来慢慢等待。爱情，从来都是一件美好的事，却也是一件百转千回的事。

我在师大读书的时候，有一门课程叫作“女性文学”。那个学期，我读了铁凝的很多作品，当时只是欣赏她的才华。到后来，看到她结婚的消息，对她的感情经历有了深入的了解后，我对她的喜爱中又多了几份敬重与佩服。

1991年初夏时节，铁凝去看望女作家冰心。冰心见到铁凝后，问她：“你有男朋友了吗？”铁凝说：“还没找呢！”冰心告诉她：“你不要找，你要等。”当时的铁凝已经34岁，别说是在二十多年前，就是放在此时，多少人也觉得是大龄了，不由自主地冒出一句“等不起”。可是，铁凝等了，这一等就是16年。

到了2007年，铁凝跟经济学家华生结为秦晋之好。50岁，才遇见那个对的人，与之结为伉俪。我敬佩她的是，在过去几十年的感情空白期里，她始终不焦躁地生活着，她说：“一个人在等，一个人也没有找，这就是我跟华生这些年的状态。我说对爱情要有耐心，当然期望值不必过高，但不要让希望消失，我想是这样。永远不要放弃自己的期待。”

世间有多少人真的像铁凝一样，用30年的时间去等待过爱情呢？又有多少人能像她一样，在长达30年的感情空白期里忍住孤寂，不败给奢求温暖的贪念？放眼望去，恐怕不多吧？因为，这实在是一件太需要勇气的事。

我身边现在也有一位大龄的女性亲友，至今依旧孑然一身。说起她的婚姻大事，长辈们可谓是操碎了心，怪她眼光高，太挑剔。其实，通过这些年的接触交往，我知道她并非那种矫情挑剔的女子，只因为身边出现的人，都跟自己不太合拍。

她不是什么所谓的“白骨精”，挑剔得难以伺候，她只是不愿意将就和凑合，这是她对自己最大的尊重。单身或有伴，不只是一种状态，也是一种选择；幸福或不幸，不在于有没有人陪，更在于你爱不爱自己。当我们足够爱自己的时候，才会彻底明了，有人陪伴很美好，一个人也可以很精彩。

CHAPTER 4

承认自己的脆弱，内心会更强大

我允许任何事情的发生。我允许，事情是如此的开始，如此的发展，如此的结局。因为我知道，所有的事情，都是因缘和合而来，一切的发生，都是必然。若我觉得应该是另外一种可能，伤害的只是自己。我唯一能做的，就是允许。

我允许我升起了这样的情绪。我允许，每一种情绪的发生，任其发展，任其穿过。因为我知道，情绪只是身体上的感受，本无好坏，越是抗拒，越是强烈。若我觉得不应该出现这样的情绪，伤害的，只是自己。我唯一能做的，就是允许。

——摘选《我允许》

01 藏起脆弱的人，总是在无声中崩溃

近几年来，网络新闻上总是能读到一些令人心惊的消息：某歌手因患抑郁症自杀，某公司副总裁跳楼身亡，某男士送完妻子上班后弃车跳桥……也许我们与他们素不相识，可仅看到这些令人心惊的字眼，也不禁发出感叹，或是扼腕叹息：怎么就走上了这条路呢?

成年人的脆弱和崩溃就是这么容易：看似一切平静如水，没有丝毫波澜，却可能因为不起眼的一颗小石头，瞬间掀起拍岸的惊涛。少数崩溃到极点的人，选择直接用结束生命来结束一切；更多的人会忘记所处的环境和眼前的人，歇斯底里地嚎叫，肆无忌惮地痛哭。

真的是眼下的那颗“小石头”，把他们逼成了这样吗？相信有一点生活阅历的人都明白，崩溃的瞬间背后，是经年积累的压抑，“小石头”不过是压死骆驼的最后一根稻草。生活从来都不是一件容易的事，成年人的世界有太多的艰辛和委屈，而碍于身份、地位、角色，以及其他

现实因素，我们又只能默默地把它们吞进肚子里，就连哭都要计算好时间。

丽莎经常在朋友圈发动态，外出旅行、打卡网红店，出境旅游，一家三口透着其乐融融的幸福。她的爱人经营着一家网络公司，规模不算特别大，但做得很有特色，这也使得她的家庭条件比普通的工薪族要好许多。爱美的丽莎开了一家美容美甲店，她不想当全职太太，总觉得女人要有自己的工作，无论事业大小，都是独立的资本。

每次与闺蜜小聚，丽莎都会带一些护肤品、小礼物，闺蜜们羡慕这位小姐妹，人美心善又独立，还嫁了一个好老公。丽莎也乐意分享一些自己的心得感触，包括怎样和婆婆相处，如何管教孩子、怎样做理财规划……她简直成了闺蜜中的“军师”。

这就是站在人前的丽莎，美丽睿智、聪慧大方，就连经常约饭的闺蜜，也没觉察到她有抑郁的倾向。然而，真实的丽莎过得并没有那么好，甚至是非常糟糕。丈夫出轨，她连续3个月饱受失眠和焦虑的煎熬，每半个月去神经内科找医生开药，努力在人前装作什么都没发生的样子，甚至还要装出幸福之态。

直到有一天，丽莎在丈夫夺门而去后，脑子里冒出了寻死的念头。可是，望着卧室里睡着的儿子，想到孩子失去妈妈之后的生活，她就狠不下心了。站在崩溃边缘的丽莎，再也无力独自承受，就拨通了一位闺蜜的电话，失声痛哭。闺蜜连夜驱车过来，看到丽莎憔悴的样子，与平日里判若两人，什么也没说，就将她抱在怀里。

待情绪平复后，丽莎终于有勇气把自己真实的境况全盘托出。她告诉闺蜜，自己一向都很要强，不愿意示弱，让别人看见自己的难处，哪怕过得不如意，也要强颜欢笑，证明自己过得很好。就算是在闺蜜面前，也有面子心理在作祟，怕被看不起，怕被说虚伪，怕面对失败的婚姻，就装作若无其事，自欺欺人。

当丽莎把真相和感受说出来后，她似乎冷静了许多，也平静了许多。她意识到，真正的朋友不会嘲笑自己，哪怕是自己撒了谎，伪装了幸福，也能够被她们理解和原谅。因为她们都知道，那份逞强的背后，是深深的恐惧和无助。当她终于卸下盔甲，承认自己的脆弱时，恐惧反而变得没那么强烈了，取而代之的是幡然醒悟，她已准备好去直面生活的难题。

丽莎是现实中千千万万成年人的缩影，哪怕内心已千疮百孔，也要苦苦逞强，耗尽心力去遮掩和隐藏自己的脆弱与不安。仿佛只有“有泪不轻弹、有苦往肚里吞”才是成熟的标配，示弱是对生活无能为力的耻辱之举。然后，拿出一决高下的姿态，试图用强硬去呵斥现实中的麻烦，让它们缴械投降。

藏起脆弱故作刚强，真的可行吗？如果你试过，你一定知道：许多苦楚，不是熬一熬就能过去的；许多伤口，你不敢去看它，不敢正视它的存在，终究是无法痊愈的。正如周国平所说："人天生是软弱的，惟其软弱而犹能承担起苦难，才显出人的尊严。"

02 脆弱永远不会消失，重要的是学会接纳

20岁时的我，无论是生活阅历还是工作资历，都浅显得一眼见底。然而，我却把自己当作是一个真正的大人，不再和父母同住，开始租房独居。想象中以为，自己已有能力抵挡生活的千军万马，没料到在工作上碰了两次壁，就委屈得“拂袖离去”。

辞职以后，生活陷入了拮据。再找工作，简历石沉大海是常态，面试也像是走过场，几乎每次谈过之后，都没有了后续。我不得不承认，那段日子我是迷茫的，也是恐慌的，可内心的倔强却让我不停地向父母撒谎——报喜不报忧，说一切都好，维护独立自强的形象。挂断电话后，摸摸越来越薄的钱包，不知道明天在什么地方？

身陷窘境的我，不敢告诉父母真实的情况，也不敢向同学泄露自己四处找工作无果的局面，更不敢面对内心不时袭来的自卑情绪。人前的自己，还是一副清高的样子，好像不是我需要工作，而是高傲让我不屑一顾。唯有付房

租和为吃饭买单时，独自品尝着狼狈。

我不能够用现在的认知，去评判二十岁时的自己，这是不公平的。许多事情都要在亲身经历过，才会真切地懂得。我理解当时的自己，所有伪装的骄傲和倔强，无非为了证明自己能够独当一面，成为一个不动声色的大人。

十几年后的今天，我已过了而立之年，有了家庭和孩子。在所有人眼里，我无疑是一个真正的大人了，甚至还多了一个家长的身份。然而，我却没有二十岁时的强硬了，行为举止偶尔还会呈现出“退行”的迹象：带孩子累了，会哭一鼻子；做错了事，会跟朋友说，感觉自己很笨拙；压力大了，给自己放一天假，吃零食、追剧统统被允许。偶尔，心里还会有解不开的疙瘩，辗转反侧睡不着觉，但不会要求自己必须振作，能做到什么程度，就做到什么程度，不再无休止地苛责自己，勉强自己。

从表面上看起来，言行举止似乎都不如二十几岁时那么坚强，但我心里的感受却与过去截然不同。那时的强大犹如泡沫，若有人轻轻捅一下我的痛处，坚强瞬间就会化为泡影。当我敢承认自己的疲惫与软弱，允许自己哭鼻子、当废柴，敢告诉朋友自己处理问题时的笨拙表现时，我虽然卸下了坚强的盔甲，暴露了软肋，可我也给了周围人拥抱自己的机会，在温暖与安抚中疗伤，让内心获得真正的力量。

在生活面前，人的苦弱无助是一种常态。无论我们有多么英勇无敌，多么博学多闻，生活都会以巨大的神秘，在某一刻将我们置于无知无能的地位。到了现在，我才真正读懂美国小说家马德琳·英格说的一句话："当我们还是孩子的时候，我们曾以为，等我们长大，我们就不再脆弱。然而，长大就是一个接纳脆弱的过程，活着本身就是一种脆弱。"

诚然，不愿意承认脆弱、接纳脆弱，并不都是我们的错。

在成长的过程中，许多人都被灌输过"不要轻易流泪""要有上进心""自信者更容易成功"的理念。但我们终究是人，怎么可能保证永远像钢铁一样无坚不摧？一旦我们在现实中遇到了难处，忍不住自我怀疑、自我否定、失去信心，就会与过去那些根植于心的理念产生冲突，有冲突必然就会痛苦。

脆弱是不可避免的，但我们还可以做选择，决定如何去对待脆弱？

两条路可以走——要么带着内心的拧巴，让伪装的强大挟持着自己，走向逼仄的死角；要么撕下伪装的坚强，承认自己的脆弱，向内满足真实的需求，向外寻求支持和帮助。毋庸置疑，第一条路是艰难的，且很快会走到尽头；第二条路，是接纳自己的脆弱，承认自己的局限性，放下暂时的完美和强大，调动一切资源去拯救自己。

我相信，在落入痛苦漩涡之际，每个人都是渴望被拯救的。既然如此，那么希望你找到那条正确的自我拯救之路——允许自己先脆弱一会儿，给自己一点儿时间去疗伤。成年的人世界不只有强颜欢笑，也有值得被看见的无助与悲伤。

03 承认自身的弱点，才会滋生心理力量

悦儿从一所普通大学毕业后，只身一人到北京打拼。由于没有工作经验，社会阅历也不多，她在工作上频频出错，总是受到上司的批评和同事的埋怨。原本就无所依靠的悦儿，骤然觉得世态炎凉，对待工作也变得战战兢兢，生怕出点儿差错被人否定。

渐渐地，悦儿多了一个毛病，对批评之事特别敏感。只要周围的人稍微表达一点评论，哪怕是对她的穿着有不同意见，她都会激烈地辩驳，或是一脸沮丧地表示不满，让人感觉到强烈的抵触情绪。

悦儿特别抗拒集体活动。公司里大都是年轻人，见多识广者不少，多才多艺的也很多，悦儿没什么特长，唱歌跑调，跳舞就更不用说了。她生怕在人前出丑露怯，遭到嘲笑和贬低。自入职时起，公司共总组织过3次聚会，而她全部都推托了。

在工作上，悦儿的自尊心也很脆弱。她不是想着怎样

完成任务或是与人沟通，而是琢磨着如何不在人前出错，不被批评。这在现实中是不可能的，智者千虑还会有一失呢！每当被同事指出报告上的纰漏，或是被领导批评时，她的内心就会涌起强烈的负面情绪，沮丧、失落、怨怼，一股脑儿袭来。

陷在负面情绪中，悦儿根本无法进行正常的工作和人际交往，适应情境的能力也不断降低，变得反应阻滞，导致越怕出错越出错的恶性循环。当她感到无力承受时，就会做出逃离的举动，回避那些可能会让自己出错的环境，尽量不参与任何群体活动。可越是这样封闭，她的自尊心就越脆弱，也更畏惧否定和批评。

有些时候，我们也会和悦儿一样，在脑海里想象：如果我做错了，会不会被当成笑料？如果我这样做，会不会有人不高兴？如果我回避，是不是一切都会照常？越是这样想，越胆怯不安，放不开手脚。所有的精力和能力，都被繁杂的情绪束缚了。

内心强大的人，不一定在能力上胜过所有人，但他们都有“反内耗”的特质。心理学上对“内耗”的解释是：人在自我管理的时候，需要耗费心理资源。当资源不足时，人就会处在一个内耗的状态，长此以往人会疲惫不堪，无精打采。

暴露弱点，真有那么可怕吗？未必。

我们不妨听听王蒙在《王蒙自述：我的人生哲学》里阐述的观点：“弱点总是要暴露的，正像优点也总会有机会表现出来表达出来一样。而对待自己的弱点的坦然态度，正是充满自信并从而比较容易令他人相信的表现。只要你确有胜于人处，长于人处，某些弱点的暴露反而更加说明你的弱点不过如此而已，而你的长处，你的可爱可敬之处，正如山阴的风景，美不胜收，那还设什么防呢？”

掩盖弱点这一行为的根源，还是在于没有认识到，世间没有完美的人，只有完整的人。所谓完整，就是阴暗与光明共存，好与坏同在，优势与不足兼有，失意与得意皆有。内心强大而自信的人，不是没有弱点的人，而是能够坦然接纳弱点的人；即便自己的某些特质不被他人认同，也不会嫌恶自己。在他们看来，身体上的残缺、能力上的不足，并不是耻辱之事，用不着用掩盖和逃避的方式为自己“撑门面”，因为他们在内心深处是认同自己的。

事实告诉我们，遮掩毫无意义，除了耗费心理力量之外，再无其他用途。张德芬说过：“凡是你抗拒的，都会持续。因为当你抗拒某件事情或是某种情绪时，你会聚焦在那情绪或事件上，这样就赋予了它更多的能量，它就变得更强大了。”相反，当你承认弱点的存在，不再抗拒它们的时候，这些缺陷就不会再消耗你，而你也获得了更多的力量去完善自我。

04 不抗拒感受，允许每一种情绪的发生

不知道从什么时候起，网络上开始盛行一句话："内心强大的人，早就把情绪戒了。"乍一听，似乎真是活得够通透、够强大、够洒脱，可回归到现实中，真的有人能够把情绪戒了吗？在标榜这句话的时候，有多少人真的了解过情绪呢？句中的"戒"字又意味着什么呢？

我遇到过一些"心大"的人，不管碰到什么事情，当时多么撕心裂肺、痛不欲生，那股坏情绪在他们身上不会停留得太久，哭过、闹过后，很快就恢复了常态。同样，我也遇到过一些谨小慎微、患得患失的人，哪怕遇到的麻烦已经解决了，他们内心的郁结还是迟迟散不开。

这两类人是生活中比较常见的，他们的区别在于：前者的情绪与自我认知是一致的，他们认为既然遇到了痛苦的事，那么想哭、难过没什么错；后者的情绪和自我认知是相悖的，即认为自己不该失态，沮丧是不好的，歇斯底里是不对的，不该是一个成熟、有修养者所为。

至于那类“把情绪戒了”的人，我想更贴近现实的情况是，他们遇到问题能够保持冷静，做到喜怒不形于色，可以很好地控制自己情绪的人。但这并不意味着他们没有情绪，更不能说他们“戒”掉了情绪。毕竟，“戒”字作为动词时，有革除之意。不结合情境细作分析，很容易让人误解为——内心强大的人不该有情绪，遇到任何事都该云淡风轻、稳如泰山。

对平凡世界中的芸芸众生来说，要抵达这样的境界，真的是太难了。因为情绪是人类很自然的心理和生理反应，它本身不受意愿的控制，说来就来，说去就去。碰到危险的刺激时，害怕的生理反应和心理感受瞬间就会冒出来，促使我们有更多的能量产生警觉或逃走；有外人侵犯我们时，怒喝可以吓退敌人或争取到生存的空间。同时，情绪也是情感的一部分，人类正因为此，才有了美好、丰富的情感生活。

面对这样一个很自然的现象，要硬生生地否定它，把它压抑下去，能舒服的了吗？如果非要用“喜怒不形于色”的标准来要求自己，无异于雪上加霜，既要承受负面事件带来的痛苦体验，还要耗费心力去压制真实的感受。

用抵抗的态度去阻止负面情绪的发生，回避对自我不接纳的痛苦感受，反而会激发更加恶劣的情绪。当我们对自己产生了负面想法，且经常感觉自己很糟的时候，往往会把情绪锁定在胃部一带，产生一种沉甸甸的、略带恶心的感觉。

当然，我们不是主张可以任由负面情绪蔓延。毕竟，冲动行事的代价是巨大的，甚至会酿成无法挽回的后果。在这里，我想澄清一个问题：控制情绪与“戒掉情绪”不是一回事！控制是用恰当的方式去表达情绪、释放情绪；戒掉是硬生生地割掉，不允许负面情绪出现。一个是接纳和允许的态度，另一个是杜绝和对抗的态度，两者有本质的区别。

生而为人，我们要允许自己有情绪，不加指责地承认情感的真实性，不加指责地承认自己有产生和表达这种情感的权利。情绪不分好坏，每一种情绪都有其价值和意义，人生中的每一件事都是在给我们提供学习如何让人生变得更好的机会：痛苦让我们回到此时此地的现实之中；内疚让我们重新检查自己的行为目的；悲伤让我们重新评价目前的问题所在；焦虑能够提醒我们多为未来做准备；恐惧能够动员全身心保持高度清醒、应付险情。

允许每一种情绪流经自己吧！当负面情绪在心里腾起时，停止自我批判——我怎么可以生气？我怎么可以焦虑？我怎么可以恐惧？这是身体的真实感受，你不需要去压抑，也有权坦然地承认——我就是很生气；我感觉很焦虑；我心里很恐惧。

毋庸置疑，与痛感待在一起的滋味不好受，但也只有在这个时刻，才能够摒弃嘈杂的想法，不再为对抗情绪耗费心力，从而静下来审视：现实情况究竟有没有那么糟糕？真正棘手的问题在哪儿？我的负面情绪背后隐藏的真实需求是什么？现在的我能够做点儿什么？

当我们允许情绪发生，并尝试这样思考问题的时候，就已经开始走向强大了。

05 控制不是压抑，是以恰当的方式释放

现代社会经常会曝出令人咋舌的新闻：一位21岁的女大学生，在某个夜晚连续砸碎两台ATM取款机，且在不到五百米的直线距离内，砸坏2家店铺的玻璃和8辆汽车的挡风玻璃。到底是什么原因，让这个女学生的情绪如此激动呢?

“我想发泄！”在看守所里，这位女大学生回答说。她长得白白净净，身材娇小，真的很难把她跟那个手持板砖、挥臂捣砸的破坏者联系起来。她还说：“我不知道为什么要这么做，就是想发泄情绪，但没找对方式。”

警方经过询问得知，该女生是家里的独生女，但父母只关心她的学业，并不在意她的内心感受。父母经常打她，打完后还要逼着她承认错误，她有时觉得自己并没有错，只是不敢反抗。大学的专业不是她喜欢的，学校的期末考试她不想参加，父母硬是把她“押送”到学校。她受不了，就跑出了学校，在外面找寻安静，可在外面又被人

骗了一些钱，很是生气。

女孩在大学里没什么朋友，舍友们都觉得她很怪，与她交流得很少。她对父母的不满也不知道该怎么表达，这些东西全都压在她心里。她也不知道当时到底是怎么了，就好像疯了一样，大脑都是空白的，周身有一股力量驱使着她这么做，似乎只有这样才能稍微舒服一点儿。

人们常说，成熟的标志之一就是控制情绪。这里说的控制，不是全封闭情感，而是让美好的情绪持续得久一点，让不好的情绪转变得快一点，该快乐的时候就享受快乐，该释放的时候也不要刻意憋着，善于激发积极情绪的同时，也能适时、适当地释放不良情绪。

遗憾的是，不少人曲解了“控制”的含义，把它理解成“忍耐”和“压抑”，还认为能忍就是坚强。就像砸坏ATM机的那个女生，其内心对父母霸道的严厉管教极为不满，却把情绪都压在心里。她不知道，情绪是一种能量，若不能以正确的方式释放出来，就会堵在身体里。也许能够挡住一时的水流，可当负面的情绪越积越多，终会突破堤坝，泛滥成灾。

情绪终究是要释放出来的，不在此时，就在彼时；不以无害的方式，就以惨烈的方式。除了以爆发的形式呈现以外，一味地压抑负面情绪，还会对身体造成伤害。世界心理卫生组织曾指出：80%以上的人会以攻击自己身体器官的方式来消化自己的情绪。身体是心灵的一面镜子，它会如实地储存我们过往的所有经验，而其中那些愤怒、痛苦、悲伤、焦虑、压抑等负面能量，就会不断地攻击我们的身体，最终造成伤害，出现病痛。

这个世界上，没有人不会动怒、失控，但不是每个人都会让愤怒、失控的情绪以最糟糕的方式跑出来伤人伤己。我们要学会的是，控制冲动化的行为，用恰当的方式、向恰当的对象、恰如其分地表达自己的真实感受和需求。

06 任何人都会恐惧，不必为此感到羞耻

2019年冬天，我参加了中国心理科学传播讲师的集训和考试。说实话，参加这个考试的初衷之一，就是我想挑战自己，训练自己当众演讲的能力。在过往，我少有当众演讲的体验，所以在考试当天，我的心情无比紧张，以至于手指尖都是凉的。

放在过去，我可能会对自己的表现感到失望和嫌恶，埋怨自己太胆小、太怯懦，羡慕周围那些侃侃而谈者的从容。庆幸的是，我曾系统地学习了5年的心理学，也一直在进行自我成长的心理咨询。所以，我接纳了自己的这种紧张，甚至敢把它告诉小组中的伙伴："我没有当众演讲过，特别的紧张，手指尖都凉了。"

组里的一位姐姐是专业的培训师，授课演讲的经验很丰富，且台风极具感染力。她很友好地握着我的手，给我带去了温暖和安慰，并对我说："没关系，这很正常。你现在可以在我面前，试着讲一遍。"

带着这份信任与鼓励，我开始在她面前试讲。神奇的是，过程并没有我想象的那么曲折，而我的表现也没有预想的那么糟糕，紧张的情绪也未把我变得结结巴巴。相反，讲到后面的时候，我竟感到了从未有过的放松。试讲结束后，培训师姐姐帮我重新设计了一下开场白，让整个演讲的开头变得更吸引人，且散发出幽默感。

就是这样一个过程，让我的紧张和忧虑降低了一大半。在正式考试前，我与自己的内心对话：紧张是正常的，初次登台即便讲不好，也是正常的。参加这个集训的目的，就是为了挑战自己，锻炼自己的能力。从这个层面来说，报名参加集训本身就是一种突破，起码鼓起勇气选择了尝试，而不是逃避。

演讲考试的科目，我最后得了98分，这个成绩是我当初万万没有想到的。整个过程下来，我最大的收获，不仅是通过心理科学传播讲师的考核，而是我做到的“知行合一”，因为我抽到的题目是“情绪调节”，在给大家讲述这个话题时，我已真正地实践了它，并成为它的受益者。

人类的很多情绪状态，不是全凭意志力就可以抑制的，恐惧就是其一。只不过，当我们感到恐惧的时候，总是会对那个胆小、怯懦的自己感到失望，埋怨自己太过软弱。我们甚至错误地认为，那些优秀的、成功的、强大的人，都是无所畏惧，敢想敢做的。但这并不是事实，从我们呱呱落地的那一刻起，恐惧就伴随着我们，任何人都摆脱不了恐惧。谁要是说自己毫不畏惧，或是想要粉碎、破坏、征服恐惧，最终都会以失败告终。

每个人都无法避开恐惧，只是恐惧的事物和情境不同罢了。我们没有必要把自己的恐惧与他人的表现进行比较，这是不公平的，因为恐惧是在自己的生活经历基础上产生的，其他人的恐惧是由他们的自身经历产生的。每个人的经历不同，感受到的恐惧也不一样。你害怕的东西，别人不一定害怕；别人畏惧的事情，你可能游刃有余。

恐惧是再正常不过的情绪，不是否定自我的依据。一旦跳出舒适区，或面对不确定，恐惧就会随之而来。不必为恐惧感到羞耻，为逃避恐惧的事物耗费的心力、承受的痛苦，远比解决这件事本身更大。当我们敢去面对这份恐惧的时候，往往会发现，现实的问题并没有想象中那么可怕，解决的过程也远比想象中更顺利。

07 悲伤不得宣泄，会酝酿出更深的悲伤

看电影《异度空间》的时候，有一处情节让我对主人公倍感心疼：

剧中女主角章昕的房东，是一个老实憨厚的男人。他原本有一个幸福的家：相亲相爱的妻子，活泼可爱的儿子。然而，妻子和儿子在一次意外的泥石流中去世，这样的打击，无论落在谁身上，都是一场致命的浩劫。

章昕与房东合住在复式楼，原本不知道他的遭遇，只是看到一些家庭照片，就随口问他："那是你的家人吗？"他笑着说："是我妻子和儿子，他们都不在了，是意外。"说这些话时，云淡风轻的，就像在讲述别人家的故事。

就是这句漫不经心的解释，让章昕感觉到了异样，她变得紧张起来，并开始留意房东是否有异样。果不其然，房东经常把妻子和儿子的拖鞋放在屋内，还对章昕说："等他们回来就能换上干净的，这些年我一直在等他们，

万一回来了呢？”

那些云淡风轻的背后，其实是磨人至极的疯癫。房东的这种做法，在心理学上被称为“情感隔离”，是一种常见的心理防御机制，其作用在于：人在遇到了自己解决不了的问题时，潜意识地选择回避，不让自己对创伤和痛苦流露出情绪。

隔离，真的就能不痛苦吗？恰恰相反，越隔离，反而越脆弱。

一位女士在丈夫遭遇车祸后，以最快的速度处理完后事，就辞掉工作，远离家乡，带着儿子去了另外一个城市。此后的10年里，丈夫的一切都成了禁忌，不能提及名字，所有的遗物和相片都封存在老房子里，她一次也不曾回去过。儿子渐渐长大，希望她能再找一个伴侣，可她却从不考虑。她拼命地工作，几乎不让自己闲下来，只有在夜深人静的时候，她会独自望着天花板发呆，而后蒙头痛哭。

我们曾经以为会一直陪伴在身边的人、事、物，在意外失去时，会让人特别难受。这种难受里，夹杂着自责与内疚，痛恨自己为什么没有照顾好那个人，没有保管好那件东西，没有提前做一点什么来防止丧失的发生？这种难受里，还夹杂着愤怒，为什么这样的事情偏偏发生在自己身上？为什么这个世界如此不公平？为什么我一心向善，却要遭受这样的折磨？因丧失产生的这些情绪的复合，会把人困在过去，让人日复一日地咀嚼痛苦。

无论是普通人，还是学习心理学、医学专业的精神科医生，在痛苦面前，没有谁是云淡风轻的。创伤对于任何人来说，都是一种莫大的伤害，由此造成的悲伤和痛苦也是不可回避的，压抑、无视、隔离，都无法真正地解决问题。

悲伤心理治疗师、英国丧亲儿童基金会创始人朱莉娅·塞缪尔，在其著作《悲伤的力量》中提到一个观点：真正伤害着一个人、一个家庭，甚至一代人的，并不是悲伤所带来的痛苦本身，而是他们为了逃避痛苦所做的事情，比如抽烟、酗酒、吸毒、滥用药物等，短时间内可能逃过了痛苦，可清醒过后，内心会升腾更多的悲伤。

悲伤并不可怕，怕的是没有面对和谈论悲伤的勇气。回避、硬撑、故作坚强，只能在短时间内缓解痛苦，但终究无法真正地解决问题，那份痛苦会被压抑到潜意识层面，对生活产生潜移默化的负面影响，酝酿出更深的悲伤。那么，我们要如何处理悲伤呢？

情绪犹如一条流动的河，你在某个地方堵住了它，迟早会迎来更大的爆发。所以，在感觉痛苦时，请允许自己悲伤，释放内心各种各样的负面情绪。为了防止悲伤蔓延，可以向信任的亲友或专业的心理咨询师倾诉，抑或用写作、画画等方式来表达感受。

很多人在感到痛苦时，会把自己封闭起来，拒绝与外人沟通交往。偶尔的独处是可以的，但不要彻底与他人断了联系，周围环境的理解和支持是走出悲伤的助力，这些关心会让我们感觉到这个世界上依然有人爱着我们。

总之，悲伤不只是一种情绪，更是一种能力。在感到压抑和痛苦时，强行切断情绪是弱者的选择，是不敢面对的证据。真正强大的人，知道悲伤与无助是正常人都会有的感受，敢去表达和诉说，也敢去寻求安慰。当你承认了悲伤，释放了悲伤，就获得了走出悲伤的力量。

CHAPTER 5

构建心理边界，随时保持拒绝的能力

你跟我说的是否真诚，我不感兴趣。

我只想知道，你是否能对自己真诚，哪怕这样会让别人失望。

你跟谁在一起，我不感兴趣。

我只想知道，你是否能跟自己在一起。

你有什么成就、地位、家庭背景，我不感兴趣。

我只想知道，当所有的一切都消逝时，是什么在你的内心，支撑着你。

愿我看到真实的你，愿你触摸到真实的自己。

——摘选泰戈尔《触摸自己》

01 未经你的允许，任何人都伤害不了你

生活中的物理界限，往往都是一目了然的：家家户户有围墙，种花草或蔬菜的庭院有篱笆，田间地头有壕沟，这些界限都在传递着同一个信息：这是我的地界，我是它的主人，不经我的允许，任何人都不可以越界。

同样，我们的身体和心灵也是有界限的，皮肤就是身体最基本的界限，可以防止细菌的侵入。然而，心灵界限却不是外显的，它隐藏在语言、情绪、态度和信念里。遗憾的是，许多人忽略了心理界限，没有设定一道保护自己的围墙。

杨小姐温顺得就像一只绵羊，无论对家人、朋友还是同事，都会习惯性地选择顺从，屈服于别人的要求和需要：假装喜欢朋友选择的泰国餐厅，强忍着吃下冬阴功汤，还说味道很好；为表明与男友趣味相投，爱好文艺片的她故作兴奋地陪男友去看《速度与激情》；公司效益不好降了工资，她却依然按时给家里寄钱，任由父母宠溺游

手好闲的弟弟。

在恭顺的外表之下，杨小姐的内心充满了怨气，因为她所做的一切，都不是出于自愿的。所有的顺从与迁就，都是因为怕伤害别人的感情、怕被人讨厌，那会令她感到内疚。曾有不少瞬间，她真的很想说“不”，可那个字如鲠在喉，就是讲不出来。

在杨小姐看来，顺从与付出象征着善良和爱。她一直相信，只要自己与人为善、真诚可亲，一定可以换来收获，哪怕是牺牲了自己的一些利益，也在所不惜。然而，这都是她的一厢情愿。在遇到难处时，朋友第一时间考虑的是人家自己的处境，有余力才去帮她；她为男友付出很多，对方却觉得两个人性格不合，不是自己想要的亲密关系；她努力地攒钱，刮风下雨都不舍得打车，却被父母催着支援弟弟买车。

杨小姐委屈至极，她把这一切归咎于4个字——人性凉薄。

真的都是人性凉薄所致么？如果是这样的话，那么所有人都只能祈祷，此生遇见皆良善。事实上，杨小姐的朋友、男友和父母，也并非恶人，只是不同的人有不同的活法。我们永远无法左右他人的选择，即便真的遇到了人性凉薄之辈，倘若我们事先设定了自己的心理边界，不允许他人踏入，又怎会轻易就被伤害呢？

美国心理学家约翰·汤森德博士，曾就心理界限的问题说道："心理界限健全的人，对于生活和他人都有明朗的态度，做事的立场也很坚定，观点清晰，有自己的追求和信仰；相反，生活中没有界限的人，恰恰是因为心里没有判断的标准，因而做什么事都举棋不定、态度暧昧，对待爱情、工作和生活，完全没有参考的标准。这样的人在与人交往时，总处于被动的境地，一旦别人态度稍微强势些，他们就会毫不犹豫地妥协和退让。"

构建心理边界的意义，是让我们拥有一个独立而强大的人格，更好地了解自己的情绪和需求，在遇到不喜欢的事情、超出承受范围的请求，以及不公平、不舒适的对待时，敢去捍卫自己的尊严与感受，学会真正地爱自己，同时也学会真正地爱他人。

每个人都有一片属于自己的秘密花园，不想被任何人随意刺探。在任何一段关系中，都要保持适当的距离，尊重彼此的人格，才能够实现和谐相处。至于我们自己，一切的所作所为，都应当力求出于自由的意志，而不是没有边界的顺从。

02 拒绝是你的权利，没有那么多理所应当

当一个人能够有尊严地活着，坚守自己的原则与底线，敢用不讨好的姿态对任何侵犯自我边界的人说“不”，无论他的身份、地位、财富怎样，都算得上是一个强大的人。他们活得自由且舒适，敢遵从内心的声音，每一步路都是为自己而走，保持着善良却不失锋芒，懂得为他人付出却不失底线，总有一份余地，不容任何人蹂躏与践踏。

相比之下，许多人并没有这份勇气。面对那些让自己感到纠结的人和事，面对那些诚恳的请求，明明很想拒绝，却怎么都无法开口，只好硬生生地把“不”字咽下去，忍受着违心的痛苦。到底是什么原因让他们宁肯说谎，也不敢说“不”呢?

原因一：自我价值感低

低价值感的人，非常渴望被接纳，会用“受欢迎”“被喜欢”的标准，来证明自己是好的。他们认为只

有自己能给别人带来好处才会被喜欢，即便听到了内心的呐喊："我不想做这件事"，也不去理会，反倒对自己更加鄙视和严苛。为了不让别人失望，他们小心而敏感，经常猜测别人的想法，以及别人对自己的态度，过度解读他人的表情、眼神，看到别人不高兴，就把问题归咎到自己身上。

想要有拒绝他人的勇气，前提是先建立自信，为自己树立界限，睁开眼睛去看看那个叫作"恐惧"的怪物。知道低价值感的起源，知道为何自己害怕拒绝，看到自己之前所承受的重担和束缚，用悲悯和爱护去替代对自己的苛责与谩骂，内心的冰山就会慢慢溶解。

原因二：以付出维系关系

一位很有前途的女模特兼演员，疯狂地爱上了一位大男子主义的男导演。出于对这个男人的爱和敬佩，她接受了他的掌控和指挥，并向他保证："我会永远努力让你满意。"这个男人带她去看了整形医生，隆胸、隆脸颊，改善面骨结构，把嘴唇、眉毛和眼线永久着色。在努力让他满意的过程中，她对自己的身份认同失去了控制，做每一件事都希望得到他的指点和同意。她害怕自己的行为会出错，会被抛弃。可最后，她最担心的事情还是发生了。

沉浸在过度的爱中，努力让他人满意，渴望通过单方面的付出来维系一段关系，不敢有丝毫的违背与拒绝。

这样的行为看似伟大、无私和忘我，实则是在忽略自我需求，削弱自我意识，失去对自我的掌控。人本主义心理学家罗杰斯说过：我们的生命过程就是做自己，成为自己的过程。一个人的生命意义就在于选择，只有不断为自己的人生做出选择，才算是真正地活过。如果生活处处被人安排，无论这种安排多么完美，都会让人丧失自主的能力。

原因三：虚荣心过于强烈

朋友来借钱，自己没有财力，怕被朋友看不起，宁愿从他处借钱给对方，也不肯开口回绝。等到自己急用钱时，或是“债主”找上门时，又不好意思向那位欠钱的朋友要账，只好自己背着。这样的人之所以不敢拒绝，完全是被虚荣束缚了。

维护尊严是人的本能与天性，每个人都渴望得到他人的尊重。不过，面子并不等同于尊严。面子是浅层次的心理需求，尊严反映的是深层次的人格定位；面子是外表的，尊严是内在的；面子是给别人看的，尊严是留给自己的；面子是随时能放下的道具，尊严不是永不磨灭的精神；面子是皮，尊严却是骨头。错把面子当尊严，做不到的事还要硬撑，不仅会给自己套上枷锁，也会让他人更看不起。放下面子，不吃虚荣的亏，才是做人、做事的智慧选择。

原因四：把拒绝视为自私

不少人觉得，拒绝他人的请求是一种自私的表现，因为在他人的需求和自己的需求之间，优先选择了满足自己的需求。实际上，这是对心理边界的一种误读。

每个人都可以把自己理解成一个圆，圆内是自己可以掌控和承受的范围，是合理的、安全的、被允许的，圈外的部分是自己无法掌控的，区分内在世界和外在世界的圆圈就是心理边界。有明确的心理边界，意味着要拒绝和放弃自己无法掌控的事物，这不是自私，而是自知和自保。如果他人的请求在自己可掌控的能力范围内，那是可以接受的。

总而言之，我们要做一个光明磊落的有爱之人，也要做一个界限分明的自爱之人，两者并不矛盾。合理地拒绝是保护自我的一种方式，也是我们应当行使的权力。你的拒绝是在昭示自己的边界，让对方知道越过这个安全范围后你是不舒服的。真正的朋友和爱人不会勉强你，至于那些会误解你和疏远你的人，失去了也不可惜。

03 他人的情绪与感受，不该由你来负责

心理学研究发现，婴儿有一种全能的自恋感，他会认为，全世界都是围绕着自己转的，一切都跟自己有关。别人开心，他会觉得是自己带来的；别人难过，他也觉得是自己导致的。可以说，我们从很小的时候起，就已经认定一些事情是自己的责任和过错了。

每次提到“家”这个字，玛莉都会深吸一口气。在她的记忆中，“家”是跟难过联结在一起的。读初中时，父亲突然失业，家里的经济状况一下子变得很拮据，父亲四处找工作都没有着落，自此开始借酒浇愁。染上酗酒的毛病后，父亲的脾气变得很坏，家里的氛围总是很紧张，让人透不过气。玛莉目睹着家里发生一切，却要故意装成什么都不知道、没看见的样子。她努力学习，心里总想着：“要是我能更懂事、学习更好、每次都考第一，父母就会高兴，家里的问题就能解决，都是我不够好……”

玛莉没有意识到，当她在心里暗自发誓时，她已经在

归罪自责了。她想对父亲的失业负责，想对家里拮据的经济情况负责。就是从这个时候起，她的负罪感和低价值感开始形成，这也让她在往后的生活中，经常无意识地陷入帮助和拯救他人的思维中去。

坦白说，我也有过与之相似的经历。在没有接触心理学、踏上内在成长之路以前，我是一个情绪化特别严重的人，总是无端地否定自己、内心缺乏安全感。特别要命的是，每次和妈妈通电话或是当面聊天后，我都会陷入烦躁、焦虑和压抑的情绪中，至少要花上三五天的时间，才能得以缓和。实际上，我并没有做错任何事情。

回顾当时的情境，现在的我已经完全理解，自己为什么会在情绪的漩涡中挣扎？因为我把自己的情绪和妈妈的情绪捆绑在一起了。她是一个内向的人，不善言谈，生活节俭，又很倔强；我爸爸热情健谈，很爱面子，经常和朋友外出喝酒吃饭。可想而知，妈妈会觉得他乱花钱，不懂心疼她，还借给朋友钱。多数情况下，妈妈就会自己生闷气，摆一张不高兴的脸，爸爸见了也不乐意，两个人偶尔就会吵架。

每次和妈妈对话，她都会把近期发生的那些芝麻绿豆的小事儿跟我念叨一遍，再数落我爸的种种“恶习”。我总是安慰她，把她的情绪照顾好，但等结束对话后，我的心情就会跌入谷底。其实，我在听那些事情时，内心是很抗拒的，也特别痛苦：我责备自己没有能力，无法让父母融洽相处；我责备自己赚钱太少，如果经济足够宽裕，妈妈就不会总是为了钱焦虑。我经常把自己代入妈妈的情绪里，想象着她在家里受委屈的样子，然后心疼得掉眼泪。

事实上，情况并没有妈妈说得那么糟糕！我在家里住的时候，也隐约察觉到了这一点，即便前一天晚上父母吵得不可开交，第二天早晨依然就会听见他们讨论家庭琐事，像是什么都没有发生过，唯独我还弥漫在糟糕和痛苦的情绪状态里。

庆幸的是，我后来踏上了自我成长之旅，开始深入地探索自己，尝试解决心理上和生活中遇到的难题。在心理咨询师的帮助下，我意识到了自己产生痛苦情绪的原因：我把自己代入了妈妈的情绪中，因为我想要分担她的痛苦。与此同时，咨询师也让我明白了一个事实：父母之间的问题，应当由他们来解决，我没有责任去背负它们，也无力承担；妈妈对爸爸的不满，以及她感受到的委屈，都是属于她的情绪，我可以选择倾听和安慰，当然也可以让她用其他的方式消解，因为每个人都必须对自己的情绪和行为负责，这是她的人生功课。

这样的做法，跟爱与不爱无关，它只关乎个人边界。我和妈妈是两个独立的人，各自有不同的价值观和思考问题的逻辑，自然也会有不同的情绪。即便我把自己代入她的情绪中，也无法减轻她的痛苦。当他们之间再发生矛盾，妈妈又开始向我诉苦时，我会做出两种选择：

第一，当我状态比较好时，我会倾听并表示理解，或是帮她分析矛盾，探讨解决问题之道。在这个过程中，我会提醒自己——这是他们夫妻之间的事情，不是我的问题，我不需要代入他们任何一方的情绪中。

第二，当我状态不太好时，我会直接拒绝："我现在有点儿累，不太想说话，您改天再跟我念叨这些事儿吧！要是实在憋得慌，您就直接去找我爸爸，把您的感受说出来，您想让他怎么做，您也直接告诉他，不用忍着。"

刚开始这样做时，我不太适应，觉得这样是不是对妈妈有点儿残忍？可事实证明，当我建立起清晰的心理边界后，不再把自己代入妈妈的情绪中以后，他们依然按照过去的模式相处，吵吵和和的，关系并没有变得更糟糕。至于我，情绪也变得越来越稳定了。当我能够以旁观者的视角去审视父母的言行时，我能更加客观地分析问题，间接地影响了他们，学会多视角地看待问题。

希望我的这些分享，可以给你带去一些启示。每个人的情绪和感受，都应当且只应当由他们自己负责，哪怕是最亲近的人，也没有责任和义务去承担和处理他们的情绪。做到这一点，真的需要勇气，但请你一定要尝试踏出这一步。否则你永远体会不到，人格独立是多么自在而美好的一件事。

04 当分内利益被侵犯时，你不能无动于衷

人生在世，难得糊涂，做人做事没有必要斤斤计较，那样活着过于辛苦，也会越来越狭隘。可这并不意味着，可以习惯性地放任自己吃亏，没有底线地损伤自己的利益。

有位读者姑娘曾给我留言，说现在越来越怕看到姐妹群里发来消息，总觉得自己就是她们的奴仆。那几个姐妹都是她闺蜜，在国内时经常聚在一起，也帮过她一些忙。她到美国工作后，隔着12个小时的时差，经常会在半夜收到消息，内容无非就是让她帮忙代购。

如果偶尔代购一次，也没什么问题，毕竟是朋友。可是后来，姐妹隔三差五就要她帮忙代购，且好久才把钱还给她，却连一句谢谢都没有，好像她忙前忙后地跑腿都是应该的。姑娘很生气，说就算是亲姐妹，也没有理由这样啊！

我问姑娘，为什么不直接回绝？她说："好几次我都想回绝，可彼此太熟悉了，且姐妹群里有四五个人，要是

我回绝了其中一个，她们势必都会知道，还不知道私下里会怎么议论我呢？可若不说，我也是有正常工作的人，也需要娱乐和休息啊！真是头疼死了……”

这是身在国外的一个女生的真实感受，她的处境很像是英国电视剧《唐顿庄园》里的那个厨房女仆，没有任何的地位和尊严，人人都可以支使她。她不断地选择隐忍，不断地退让，内心的苦涩只有自己知道，却还是不好意思拒绝。

或许，这位姑娘是想用隐忍的方式维系和姐妹之间的关系，可真相是，一个人越是放弃自己的利益，讨厌和反感他的人也越多。有一项调查结果显示，超过47%的人都对那些不能坚持立场的人持反感态度，而不是同情和欣赏。事实上，人们并不是很喜欢没有底线、完全不懂拒绝的人。看到这个结果，恐怕那位姑娘会很失望，也会很难过吧！

在分内的利益面前，我们不需要过分谦让，有权利大胆地争取自己应得的东西。就那位姑娘遇到的情况来说：“闺蜜帮”频繁要求她代购，且过后许久才给钱，这样的问题显然已经侵犯了她的利益，毕竟代购都是她自掏腰包垫付的。但凡有生活阅历的人都知道，“应收款”和“现金流”有巨大的差别！

千万不要觉得，牺牲自己的利益去成全他人是一项多么伟大的壮举。实际上，这是一个“恶”的循环。你越是无底线地退让，别人越不懂得尊重你，而你拱手让出的应得利益也就越多，这等于是在不断地掏空自己。

有些人不敢争取和维护自己的利益，是因为他们在潜意识里认为：承认欲望是一种罪恶。我的一位自媒体朋友，一直被粉丝视为知性女子，很有生活情趣、思想超脱，可她却不敢在公众号接广告，害怕被粉丝指责“喜欢钱”“庸俗”；也有人对性的问题心存芥蒂，哪怕夫妻生活不太理想，也不敢表达出自己的感受，总觉得有这样的欲望是羞耻的。

事实上，当一个“禁欲者”，并不意味着多么高尚。马克思曾经批判禁欲者说，“灭绝情欲”的禁欲主义“连对火炉旁的狗也不会发生什么鼓舞作用”，它不过是为了获得或成为“禁欲的然而只能是从事生产的奴隶。”

人当有所为，有所不为。所谓不为，其中就包括拒绝不合理的请求，拒绝牺牲自己的分内利益。当别人的做法侵犯到你的利益时，绝不可以无动于衷，此时的拒绝是保护自己、对自己负责的表现，是一种点到为止的理性。

05 真诚不是毫无保留，知心不必无话不说

读者群里的一位朋友，前段时间向我倾诉了她的心理困惑："13岁那年，我妈妈生病去世了，这件事一直是我不愿意提及的伤痛。从中学时代到大学，我结识了不少的朋友，每次被问及家庭情况时，我总是含糊其词，很少直面回答。其实，我内心挺纠结的，总觉得别人对自己挺好的，应当把家庭的真实情况和自身的经历都告诉对方，可我又不知道怎么说……"

与人交往，保持一份真实和坦诚，无疑是值得称赞的品行。毕竟，人是群居动物，需要友情，也需要被关心、被了解，但这种坦诚不代表要把我们的一切都告诉对方。我们有权保留自己的秘密，真正尊重和理解你的人，如果意识到了你在回避这个问题，就不会再多问，因为他们知道这触及了你的个人边界；若是有人不顾你的感受，死缠烂打地打探你的隐私，你也不必为此纠结，大大方方地回绝就好，因为这是你的权利。

茉莉所在的办公室里，有一位爱打探隐私的女同事，对他人的恋爱史和家庭私事尤其上心。有一次坐班车时，茉莉碰巧跟那位女朋友挨着，车上坐着的全是公司的员工，有本部门的，也有其他部门的。刚上车一会儿，那个女同事的“老毛病”就犯了。

“你结婚了吧？你爱人现在做什么工作？工资待遇怎么样？在这边买房了吗？”她的问题像连珠炮一样，一个接一个。茉莉刚到这个单位不久，还没有在人前说过自己的私人生活，也从来不去打听别人的私生活。周围的很多同事听到她这么咋呼，都把好奇的目光投向茉莉。

面对眼前的情景，茉莉有点尴尬，但她不想满足大家的好奇心，更不想让人看热闹。于是，茉莉就开始跟那位女同事打马虎眼，含糊其词地回答：“是……普通员工……够我们生活的……你有楼盘要介绍吗？”女同事见问不出什么实质性的内容，而茉莉的态度又略显冷淡，也就主动闭上了嘴巴。

初与人相识时，适当地自我暴露，可以有效地消除对方的戒心，迅速地建立良好的人机关系。但前提是，这个交往对象必须是真诚的。很明显，茉莉的同事是一个爱打探隐私的八卦爱好者，对于这样的人，切记不能用纵容的态度如实回答他们提出的所有问题。一不留神，你的自我暴露，就会变成流言蜚语的原材料。

当别人的询问让你感到不舒服，触及了你的心理界限时，不要勉强自己去回应。真诚不是毫无保留，知心不必无话不说。有些问题你不想回答，坦率地告诉对方：“我不太想谈这个话题，请谅解”；抑或是，用腼腆、幽默的方式去回应，也是可以的。比如，不想回答自己的年龄，大可以笑着反问对方：“你为什么想要知道呢？”再如，被问到婚恋的情况时，也可以稍微羞涩地说：“我还是想保持一点儿神秘感。”

在拒绝回答隐私的问题时，少用“无可奉告”“暂时保密”等词汇，这会让彼此之间的关系蒙上浓雾。毕竟，我们要明确的是态度，用不着追求言辞犀利，话说得婉转一点儿，让对方明白你的意思，不再追问，就足够了。

06 太好说话是灾难，该有的脾气必须得有

不可否认，对情绪的控制能力，透露着一个人的情商。在现实生活中，善于调节情绪的人，往往也能更理性、更顺利地处理问题。然而，凡事有度，过犹不及。

坐在咨询室里的橙子先生，是一位努力塑造“好脾气”形象而隐忍多年的男士。他说：“我喜欢心平气和的人，总觉着性格温和好相处，能减少与他人之间的矛盾。现在，我也经常极力地抑制和消除自己的脾气，想让自己显得更有修养。可说实话，这种感觉并不舒服，有时甚至会让我感到迷茫。遇到一些难忍的问题，我内心是很愤怒的，但又怕给人留下‘暴脾气’‘没素质’的印象，就只好忍着，装出一副云淡风轻的样子……”

很显然，橙子先生设定了一个理想自我——遇事能够心平气和地处理，彰显出淡定沉稳的姿态。现实中的他，虽然在遇到问题时也极力地表现出云淡风轻，但这种淡然并不是真正的古井无波，而是一种装出的表象，实则内心

已暗潮汹涌。

有句话说得好：“树欲静而风不止。”

你越是害怕冲突、追求平静，不平静的事情就越会来招惹你；你越是想当个没脾气的老好人，越是被人无止境地侵犯底线。结果，为了维护自己的形象，就不得不做一些违心的事情，把所有的闷气咽到肚子里。而且，不敢发脾气的人，通常也害怕别人发脾气，认为不发脾气就能够避免冲突。殊不知，冲突不会消失，不在外部解决，就会变成自我冲突。

我们之前说过，情绪是人类正常的心理活动，无论这种情绪是正面的还是负面的，都不该有褒贬的评价。所谓的情绪控制，是指意识到自己有负面情绪时，用合理的方式把它释放出来，或是将其化解。没有任何一位情绪管理专家说，控制情绪就是不能有愤怒、不能发脾气，这是对自我情感的压抑，也是对自我的不善待。

况且，发脾气也分很多种情况：鸡毛蒜皮的小事，的确没必要大动干戈，这对于身心是无益的。然而，遇到一些碰触了自己底线的人和事，保留一点儿脾气是应该的，它能够让对方看清楚你的态度。倘若面对这样的问题，一点儿脾气都没有，就如同砧板上的鱼肉，任人宰割，毫无抗拒之力。

别总是用扭曲的好人思维麻痹自己，认为自己对别人好，别人就会对自己好，一旦发脾气，就会深深地自责。很多时候，如果是对方的问题和责任，你根本没有必要去责备自己，让自己去承受无谓的折磨和损失。

如果你在生活中习惯了隐忍和退让，那我建议你细品一下这番话：

“我多么愿意别人欣赏我的礼貌，我的大度，可实际上，他们只是享受我的礼貌，甚至奸污我的礼貌。有的人即便你无数次忍让他，也不能停止他的攻击与辱骂，他会越来越猖獗，到后来连我的家人都要连带一起骂。如果我不打断他，他是不会罢休的。”

努力成为有修养的人没什么错，但该有的脾气必须要有。毕竟，不是所有人都如我们想象中那样懂道理、有分寸。面对那些挑战自己底线的人和事，不能用勉强和委屈来压抑自己，让对方清晰地看到你的边界，看到你该争取时不妥协的态度。只有这样，才能让那些试图压榨和索取的人望而却步，不敢再轻易去碰触你忌讳的东西。

在强大内心的路上，勇敢去面对自己的不甘、不愿与愤怒吧！如果你很介意一件事，就要让对方知道；如果你不愿意做一件事，就不要勉强；如果对方的行为让你愤怒，那就勇敢地表达你的谴责与反抗！

07 关系再怎么亲密，底线和原则不能丢弃

浩南的朋友不多，跟他相处最久的，莫过于大学时代的舍友潇哥。

浩南与潇哥的性格完全不同，浩南比较内向，不善言辞，但心思缜密；潇哥大大咧咧，做事冲动，经常不计后果。大学毕业后，浩南就跟潇哥合租了一套房子。一开始，两个人相处得还算融洽，可渐渐地，浩南发现潇哥经常会留给他一些“烂摊子”。

潇哥看别人遛狗挺有意思的，没跟浩南商量，就私自抱回来一只小狗。可热情劲儿过去后，他就不管小狗的起居了，房间里又脏又乱，还不时地飘出狗尿味。浩南只好替潇哥担任起照顾小狗的责任，但也没有过多计较，他总觉得：这个世界上没有完全相同的两个人，既然是朋友，就得学会相互“包容”。

然而，接下来发生的一系列事，却让浩南愈发难以忍受了。

潇哥根本不会做饭，可心血来潮时，非要霸占着厨房“露两手”，结果弄得厨房一片狼藉。好好的食材都倒掉了，潇哥也累了，丢下烂摊子就跑到外面撸串了，浩南只好辛苦地去清理那一堆锅碗瓢盆。

不久后，潇哥谈了一个女朋友，并带回家过夜。此时，浩南就成了最亮眼的“灯泡”。为了避嫌，浩南只好去外面的清吧。等第二天早上回家时，他看到茶几上全是残羹冷炙和空啤酒瓶，地上还有一堆烟头……浩南花了3个小时，把才家里收拾干净，满腹愤怒。

待潇哥下班后，浩南忍不住质问：“这是我们俩租的房子，能不能注意一下卫生？”潇哥并不在意，说：“哎，咱俩又不是第一天认识，我上学时就懒……得了，晚上我请你吃饭。”

这件事就这样过去了，可让浩南没想到的是，潇哥犯的错误一次比一次严重。

那天晚上，潇哥借走了浩南新买的车。当时，浩南真的很不情愿，但还是碍于哥们面子，把车钥匙给了潇哥。没想到，潇哥竟然酒驾出了车祸，肇事后还选择了逃逸。等到一天之后，警察找上门，浩南才知道发生了什么事。见到潇哥，他气急败坏，说：“没想到你居然犯这么低级的错误！”

潇哥虽然也后悔，但此时的他还在开口向浩南发出请求："能不能借我点儿钱，我手头不够给人看病的……"这一回，浩南终于拒绝了。他说："咱们是朋友，我才一次次地帮你，但我不是你用来处理麻烦的工具。"

如果浩南早一点认识到，朋友之间互相帮忙可以，但应当有限度，至少要确保各自独立的生存空间，也许就不会发生后来的一系列麻烦了。朋友之间，要避免这样的问题，最好的办法就是"丑话说前面"：直接告诉对方，你所能容忍的限度，区分清楚彼此的责任所在，不要让对方觉得你可以为他做任何事。如果遇到了不通情达理的朋友，也不必害怕从此形同陌路。如果他还在意你这个朋友，必然会向你道歉；如果他不理解你的意图，你也用不着为失去这样的朋友而难过。

08 捍卫自己的边界时，也要充分地尊重别人

提到《红楼梦》里的王熙凤，多数人的印象是这样的：目不斜视，眼风向上，目空一切，让人闻风丧胆的女子。她风风火火，泼泼辣辣，把自己武装成了女强人，放肆的语气中透出了一股炫耀与盛气凌人的气势。有盛气算不得一件坏事，可当这股盛气以咄咄逼人、骄横傲慢的姿态呈现在人前时，它就变成了强硬与刻薄。

这也提醒我们，拥有强大而稳定的内心固然重要，但在捍卫自我边界的同时，要尽量保持温和而坚定的态度，不伤害他人的自尊。如此，既亮出了自己的答案，明确了自己的底线，又给了对方足够的尊重。

有一位野心勃勃的英国军官想加封男爵。当时的首相狄斯雷利知道这位军官很有才能，手握重兵，需要跟他维持友好的关系。但是，这位军官并不具备被封为男爵的条件，他不能为其破例。

为了这件事，狄斯雷利很苦恼：直接回绝的话，那位军

官自然会不高兴，如果因此引起内部矛盾或是其他问题，那就得不偿失了。如果答应军官的要求，就有失公平，甚至会得罪更多的人。但是，狄斯雷利很快就面露笑容，因为他想到了办法。他命令人拿着自己亲笔写的邀请函，到军官府去拜访，邀请函上写着：请军官某日来首相官邸，首相将单独会见你。

军官看过后，不禁想到：首相肯定是同意了自己的要求。于是，他高兴地按时赴约。谁知道，刚一见面，首相就坦白地对他说："很抱歉，我不能给你男爵的封号，但我可以给你一样更好的东西。"接着，狄斯雷利放低声音说："我会告诉所有人，我曾多次请你接受男爵的封号，都被你拒绝了。"

军官先是一愣，接着点头答应，满意地离开了。很快，这个消息就传出去了，大家都称赞这位军官谦虚无私、淡泊名利，对他的礼遇和尊敬远远超过男爵。为此，军官也成了狄斯雷利最忠实的伙伴和军事后盾。

军官请求加封男爵的目的是什么？无非就是名利和荣誉。出于公平，狄斯雷利拒绝了军官的请求，但他抓住了对方的真正需求，换了一种方式来给予对方想要的东西，让军官感受到了尊重。狄斯雷利这样做，不但保全了自己的威严，也成功俘获了军官的忠心。

苏婧在一家跨国公司任职，由于工作能力突出，后被调到总部工作。临走之前，她设宴款待相处已久的同事们。原本是一场离别的宴会，没想到，最后变成了同事集体“送礼”，这是苏婧万万没想到的。她不想收下大家送来的贵重礼物，可当面拒绝又会让气氛变得尴尬。

其实，苏婧很清楚同事们的“小心思”，无非希望能受到提拔。每个人都有这样的心愿，但现实情况是，一个萝卜一个坑，坑没有那么多。倘若收了大家的礼，即便是提拔了其中的一位，也会落人话柄，产生误会。与其如此，倒不如全都回绝，落得一身轻松。无论今后谁被提拔，都是凭借自己的能力上去的，无可厚非。

所以，苏婧只好暂时先把礼物统统收下，并在上面记录送礼人的名字，以便原物奉还。待酒宴结束后，苏婧对同事说：“我本来不想拒绝大家的好意，只是没想到会收到这么多的礼物。在这里，我先对大家说声谢谢。不过，我马上就要出国了，这些东西也带不走，放在家里真的太浪费了。虽然我去了总部，可大家在工作上有什么问题，咱们依然还可以保持沟通。将来若有什么好机会，我一定会尽力推荐。这些礼物，还请大家拿回去吧。”

听到苏婧这样说，同事们只好各自拿回了自己的礼品。

在处理人际关系时，遵从内心的原则很重要，但也要懂得站在他人的角度思考问题，在表达态度的同时，给他人留一点儿余地，避免伤及对方的自尊。毕竟，每个人都很在意自尊，哪怕是在被拒绝的时候。将心比心，比强势、强硬更容易换得理解与尊敬。

CHAPTER 6

不念过往，不畏将来，全心全意活在当下

对内心深处那些悬而未决的问题，保持耐心。

去热爱那些问题本身，就如同热爱一间密室，或是用别种语言写成的书籍。

不要试图寻找答案，这些答案还无法给到你，因为你还无法生活在其中。

关键在于，生活于一切之中，生活在悬而未决中。

或许在你尚未察觉之际，就早已逐渐生活在答案中一些时日了。

——摘选里尔克《对一切抱有耐心》

01 待生命离场之前，不辜负活着的每一天

2010年，美国有线电视台Showtime精心打造了一部黑色幽默剧《The Big C》（中文名《如果还有明天》），由3次获得奥斯卡提名的女演员劳拉·琳妮主演。片名中的“C”有两层象征意义，一是女主角的名字Catherine，二是可怕的癌症Cancer，故事的主线则是女主角在得知自己患了癌症之后的一系列悲喜故事。

和千千万万普通的女性一样，Catherine在过去的40年里，就是一个按部就班生活的中学教师兼家庭主妇。然而有一天，她却被告知患上了癌症，这突如其来的消息，实在让她有点崩溃：家里有一个童心未泯的丈夫，一个处在青春叛逆期的儿子，外加一个极端反对消费主义、受过高等教育却过着流浪汉生活的弟弟，这些年她就像在照顾3个没长大的孩子。如果自己的生命只剩下为数不多的日子，必须要面对生离死别，剩下的日子要怎么过？

回顾自己这些年的生活，Catherine苦闷不已。她一直压

制着内心的欲望，努力做一个好妻子、好母亲、好姐姐，偶尔偏执一次，就会被亲人们说成顽固古板。现在她得了癌症，却不敢开口告诉身边的任何一个人。有一次，她跟弟弟在海边散步，把事实说了出来，弟弟听了之后像发疯一样，她连忙解释说自己是在开玩笑。她明白，这些亲人向来都是需要被照顾的人，而现在的她根本没有那么多精力去一一安抚每个人的情绪。

她唯一能做的就是，换一种活法，去做那些一直想却始终不敢做的事。

她提出跟丈夫分居，好好珍惜跟儿子在一起的时光；她不再考虑白发苍苍之后的晚年生活，把退休账户里的钱全都取了出来，不像以前那样买个沙发还要琢磨很久，小心翼翼计划着花钱；她去喝昂贵的香槟，为了在“仇敌”面前出一口气买了一辆豪华的红色跑车；偷走餐馆里的活龙虾以保它们的性命；她假扮医生的女友，获得遐想的快乐；她跟喜欢图画的男人发生了一段婚外情，享受身体和情欲；她尝试各种稀奇古怪的抗癌方法……她变得很“大胆”，俨然像换了一个人。癌症给Catherine带来了痛苦，也让她有机会尝试了另一种生活。

不过，当心里隐藏着不可告人的巨大秘密时，无论是谁，都会感到压抑和痛苦。幸好，上天让Catherine找到了一些释放的出口。她的邻居Marlene是一个脾气古怪的老太太，而她也是除了医生之外知道Catherine患癌的人。她们之间从敌对到友好，经历了一个戏剧化的过程。她很意外Marlene竟然脱口而出地问她："你得了什么癌？" Marlene的丈夫因癌症去世，她了解并懂得Catherine的感受。那一刻，Catherine不那么孤单了，终于能在他人面前倾吐出心声。

她的第二个朋友是病友Lee，同样的病况，让他们之间有了一种惺惺相惜的感情，但因为Lee是同性恋，两人不存在感情的束缚。有些无法对家人诉说的感想，在病友面前都可以一吐为快。Lee对生命充满了热情，他患病的时间比Catherine要久，她所经历的生理和心理上的变化，Lee都可以感同身受，并给予引导。

Lee活得很洒脱，但Catherine永远不能够跟他一样，她有家人、有朋友，但她在精神上深受Lee的影响。最终，在Lee的鼓励下，她参加了马拉松比赛，挑战生命的极限。她想，最坏的结果是死在马拉松跑道上，也好过死在冰冷的病床上，至少生命有了一次放肆的机会。

抗癌小组的人们对Catherine说：癌症是走向梦想生活的通行证。Catherine尝试过把癌症变成快乐，可她欺骗不了自己的内心，她痛恨它、厌恶它、恐惧它，因为它让她痛苦、冲动、粗鲁。可同时，癌症也带给了她前所未有的勇气，让她能够跟过去无法释怀的种种纠结说一声再见；可以让她落落大方地看淡一些东西，释放真实的灵魂。

当癌症已成为不可更改的事实，Catherine能够做的事也是有限的，她不是上帝，许多东西她无法掌控。即便选择了承受，付出了所有的努力，捱过了一次又一次的折磨，获得了星星点点般的希望，死神的魔爪依然还是伸向了她。

Catherine害怕，可她知道，自己不能倒下，尤其是为了儿子和丈夫，为了兄弟和朋友。这一切都值得她为之战斗，争取留在世上的时间再多一点。她在车库里为儿子准备了未来多年的礼物，每个礼物上都有一张卡片，就算未来的那一天她不在了，她依然希望儿子能够感受到母亲的存在，和那一份纯粹伟大的母爱。

Catherine最终还是离开了，但微笑始终挂在脸上。在人生的最后一段路程里，她已经没什么可遗憾的了。那看似不听话的儿子，其实在背后暗暗努力，给了她一个学业上的惊喜；那童心未泯、充满孩子气的丈夫，在得知她的病情后，开始学会承担，他有的不多，能做的有限，可已付出了全部。更重要的是，在生命被宣布要终结时，她活出了不一样的自己，没有浪费剩下的分分秒秒，为自己爱的人和爱自己的人，用力地、尽情地活过了。

没有谁可以预见未来，也没有谁知道自己是否有一天会经受同样的遭遇。旁观Catherine的人生经历，我们要获取的是一份生活态度：无论过去的岁月我们是如何过活的，只要我们愿意，随时可以换一种全新的方式去生活；无论将来会发生什么，我们依然有权利好好享受现有的生活；待生命离场之前，用心地活好每一天。

02 谁也无法预知明天，但谁都可以把握今天

廖一梅编剧、孟京辉执导的话剧《柔软》，讲述的是一个青年男子和整形女医生深入探讨如何让自己变成女性。这类话题尖锐得可以刺痛每个人的神经。

青年男子总觉得是因为上帝的失误，让自己如此痛苦。所以，他不惜一切代价要纠正“上帝”的错误。他向女医生说出自己想要变性的想法，他内心认定，只要做了变性手术，就能够让自己重生，“变成女人”之后，他所有的自我怀疑、痛苦、悲观、悲观和绝望，都可以通过身体上的改变而消失。

做女人到底有没有那么好？是不是在身体上做一些改变，就能够解决所有问题？作为一名真实的女性，女医生直言不讳地告诉男青年：“你想听到作为女人的美妙之处，让你手术时对着一片天堂的幻觉进入昏迷，好忍受落在你身上的刀砍斧劈？可是，我没有什么好消息告诉你！”之所以这样说，是因为女医生自己过得并不好，她也在饱受精神绝望的困扰。

关于女医生的困惑，廖一梅在文中大致写道：“她的理性和自我意识让她的处境越来越陷入一种隔离和对抗的状态之中，她并不祈望别人的承认与肯定，但自己又找不到生活的意义。她表面上看起来挺轻松，活得很潇洒，对于两性的教条不屑一顾，可实际上她又认为‘爱’已经由于被滥用而失去了本身的意义，无法让人与人之间进行无阻隔的沟通。”身在这样的焦虑和痛苦之下，女医生的内心惶恐不已。

当任何一个人不能确定自己与外界的关系是否可以让自己获得幸福和安全感时，每天都会生活在惶恐不安中。有时，我们相信某个人，相信他能够为自己带来幸福，就像剧中的男青年把自己的重生寄托在女医生身上一样，或者就像渴望通过嫁人实现幸福的女人一样。

事实上呢？那个女医生可以为男青年成功地实施变性手术，但她能保证让他获得幸福吗？嫁给有钱人，获得了物质上的丰厚，但情感上的不幸福和不安全感，真的可以弥补吗？答案显而易见。

安全感的缺失并不是某一个人的特例，在不确定和未知的事物面前，每个人都会感到恐惧。心理学斯洛特·尼利维尔说过：“每个人的内心都是一部电视机，随时都在播放着属于自己的画面。每个人都有自己的影音频道，它们有的如同乡间小曲一样宁静安详，有的则像摇滚乐一样令人惶恐不安，而如何调控这些频道，则要看我们怎样感受自己周围的一切。”

对绝大多数人来说，内心的频道并不是令人愉悦的，相反总是放着一些令人不安的音乐。有的人只会在遇到不好的事情时才会感到焦虑，而有些人时时刻刻都无法掌控自己的频道，头脑中总是出现让自己不安的画面，就像不停闪动的警报灯，搅乱着内心。

为什么会出现这样的情形呢？

归根结底，就是头脑中臆想了各种悲剧的场景：在公共场合出糗、考试不理想、找不到工作、职位不稳、股票下跌、老无所依，以及其他各种我们能想到的负面场景。这种不安全感似乎永不停息，头脑无法停止思考，焦虑也就越来越重。无论此刻事情进展得多么顺利，无论生活赐予了多少幸福，也只是忙着烦恼过去，担心未来，却看不到当下。

人生的路上有无数的驿站可以歇脚，有的包袱可以等到该背的时候再去背，用不着把所有的包袱都背在今天的背上，你我都只能活在此时此刻。未来在该来的时候就来了，它承担得了你的荣誉，却承担不起你给的预设。

生活本来就无法预知，而且是永远无法预知的，不管我们做多少努力，仍然无法确定明天会怎样、会发生什么？真正能让我们踏实下来的，莫过于把握住现在能够把握的，做好现在能做的，秉持一种“但行好事，莫问前程”的心态，结局往往都不会太坏。

03 身在低处时，把卑微的事做好就是了不起

所有的美好都不是一蹴而就的，总要经历一段默默无闻的时光，走一段有着冰霜雨雪的路程。凤凰涅槃之前，需要在欲火中洗礼；繁花盛放之前，需要在风雨中坚忍。没有谁偏爱身处低处的时光，可它着实是生命的一部分，想要破茧而出、化茧成蝶，就得淡定从容地熬过那段黑暗，经历那段卑微。

我至今还记得多年前读过的一篇小散文：

那是一片广袤的田野，水草丰美，土地肥沃。农人为了灌溉庄稼，就在田野里挖了两条河，一条稍大，一条稍小。最初，大河与小河都勤勤恳恳，两岸庄稼收成也不错。渐渐地，大河心里有了不甘，它觉得自己不同凡响，怎么甘心跟小河一起老死在这寂寞的田野呢？

大河心里涌起一个强烈的念头：去看看大海。于是，它用尽所有的力量，一浪一浪地冲向远方。大河很坚韧，

冲破了田埂与山峰，离它的目标越来越近。回来再看小河时，它不由得撇撇嘴，感叹小河没有追求……直到有一天，自以为是的大河，误打误撞地进了沙漠。很快，它的那点水分就蒸发了。没有了水，大河很快就堵塞了，几年之后便不复存在。

至于当年的那条小河，它勤勤恳恳地灌溉庄稼，帮了农人的大忙。后来，人们把小河拓宽了，比以前的大河还要宽。小河每天热热闹闹，一点儿都不寂寞，有洗衣服的农女，有嬉戏的孩子，还有泛舟的游客……莲叶田田，水阔鱼肥，波光粼粼。经过几代人的传承，小河被当地的人们亲切地称为“母亲河”。

当我们置身于生活的某一境地时，有时显得太过浮躁和焦急，就像大河一样，恨不得一夜之间就能成为理想的自己，过上理想的生活，实现内心的抱负，对眼前的生活尽是不满，希冀着一场突如其来的转变。在浮躁与盲目之余，全然忘了一件事：多数的优秀与精彩都在卑微的岁月之后，要付出努力，要忍受孤独与寂寞，才能守得云开见月明。

善感而不多愁，这是苏珂给自己的标签。对生活里的万事万物，她都感触颇多，最习惯的表达方式就是写字。大学毕业后，她渴望做一份和写字相关的工作，无奈在竞争的激流中，没有任何经验的她，很难一下子如愿以偿。

找工作的那段日子，苏珂跑遍了城市的各个区，面试了几十回。别人看过她的简历后，只说回去等消息，然而多少次等待都石沉大海。最后，她在一家小小的工作室谋求到了一份与文字沾边的工作，负责编写有关经管和法律方面的论文。每天的工作是很枯燥的，不能上网，不能聊天，像个机器一样噼里啪啦地打着键盘。几个月之后，她就已经感到有些乏了，而旁边的工位已经换了3个人。

每每心生怨怼，苏珂就提醒自己要坚持。2年之后，她提出了离职，并转行进入自己喜欢的杂志领域。再次与招聘者交谈时，她落落大方，心里也很坦然。她自信地拿出自己平日里写过的内容给人看，最终得到了对方的认可。

现在的她，已经是某杂志的一名资深编辑了。提及自己的职场经历，她总会想起在那家小工作室上班的日子。工资不高，工作枯燥，每天挤着公交车，租着最便宜的房子，连一台属于自己的笔记本电脑都没有……纵然如此，她还是默默地挺过去了。当时看来，那份工作微不足道，甚至枯燥得令人生厌，可现在回过头再看，却又觉得那是一块跳板。在忍耐与坚守中，她磨炼了自己的心性，锤炼了自己的文字功底，成全了自己从卑微到精彩的跳跃。若没有那一段沉闷而默默无闻的岁月，自己可能还深陷迷茫之中，在人生的岔路口徘徊。

普通人如是，多少名人也如此。一位女艺人刚入行时，一直没有合适的机会上镜，只能在摄影棚的一角默默等待。偶然的一天，某制片人经过看到她，随口说了一句："你也想演戏？没有角色给你演。真想演的话，就演一只蚊子吧！"

多数人听到这番话，肯定会火冒三丈，甚至拂袖而去。不过，这位女艺人表现得很淡定，她没生气，而是马上变身成一只大蚊子：脸部肌肉开始抽动，双手扮翅膀上下飞舞，嘴巴还嗡嗡作响……正是这个卑微的起步，让她有了第一次上镜的机会，从此开始了别样的人生路。

俞敏洪先生说过一段话："我们人的生活方式有两种：第一种方式是像草一样活着，你尽管活着，每年都在成长，但是你毕竟是一棵草，吸收雨露阳光，但是长不大。人们可以踩你，但是人们不会因为你的痛苦，而产生痛苦；人们不会因为你被踩了，而来怜悯你，因为人们根本就没有看到你。我们每一个人，都应该像树一样，即使你被踩到泥土中间，你依然能够吸收泥土的养分，使自己成长起来，当你长成参天大树以后，在遥远的地方，人们就能看到你，走近你。"

处于人生的低处时，怨恨、哭泣都于事无补，只会让自己坠落更深的悬崖。沉闷的旅途固然孤单，可那是通往理想的必经之路。你所看到的、仰慕的那些风光无限的人，也曾在生命的低谷中积聚力量。耐心等待，不要无谓地叹气，不要无谓地焦虑，把自己的厚度积累起来，当有一天时机来临时，就可以奔腾入海，成全自己的精彩。

04 打破僵固式思维，看见自我成长的可能

某市郊有一座古老的小镇，镇上一所学校的教学楼里，有一个特殊的班级，里面的26个学生都有过不光彩的历史。他们中间有人曾吸毒、进过管教所，还有一个女孩在一年里堕过3次胎。家长们对这些叛逆的孩子毫无办法，老师和学校也几乎对他们失去了信心。

新学期开始的时候，一个叫菲娜的女老师担任了这个班的辅导老师。开头的第一天，菲娜没有像以前的那些老师一样，训斥班里的孩子，或是用命令式的语气告诉他们该怎么做。她给孩子们提出了一个奇怪的问题：

现在有三位候选人，如果我告诉你们，他们其中的一位会成为名垂青史的伟人，你认为谁的可能性最大？然后，再猜想一下，这三个人未来的命运会如何？

这三位候选人的情况如下：

·第一位候选人：迷信巫医，嗜酒如命，有多年的吸烟史，有两个情妇。

·第二位候选人：曾经两次被人从办公室里赶出来，每天要到吃午饭的时候才起床，每天晚上喝掉将近一瓶的白兰地，曾经吸食过鸦片。

·第三位候选人：获得过国家授予的“战斗英雄”的称号，有艺术天赋，平时喜欢吃素，偶尔喝一点酒，青年时代没有做过任何违法的事。

对于谁会成为伟人这个问题，孩子们一致选择第三个人。至于第二个问题，虽然答案不尽相同，但对于前两者而言，结局归纳起来无非：成为令人唾弃的罪犯，或是无法自食其力的寄生虫。至于第三个人，他道德高尚，肯定能有一番作为。

菲娜耐心地听完孩子们的说法后，给出了一个让所有孩子都感到意外的答案：“你们的结论，符合一般的判断，可惜，你们都想错了！这三个人大家都不陌生——那个迷信巫医的人，是富兰克林·罗斯福，他连任4届美国总统；那个喜欢睡懒觉、嗜酒如命的人，是温斯顿·丘吉尔，他拯救了英国；至于那个道德高尚且被多数人认为肯定会有一番作为的人，是阿道夫·希特勒……”这个结果听得孩子们目瞪口呆，简直不敢相信自己的耳朵。

菲娜继续说：“每个人的身份和生活状态都不是固定的，现在的你如此，将来的你未必也是如此。你们的人生才刚刚迈出第一步，过去的错误和耻辱只代表过去，真正代表人一生的，是他的现在以及将来的所作所为。这个世上没有完人，伟人也一样会犯错……”

菲娜的这番话，彻底改变了26个孩子一生的命运。多年过去，那些孩子都已经长大成人，有的做了心理医生，有的做了法官，还有的成了飞行员，而当年那个最不被人看好的、调皮捣烂的罗伯森·哈里森，现在是华尔街最年轻的基金经理。提及那一堂课，他们中的许多人都说：“本以为自己无药可救了，几乎所有人都这样看我们，可那一个故事让我们知道，所有发生的事情，只代表过去。”

卡罗尔·德韦克在《看见成长的自己》里提到过，人有两种思维模式：

其一，僵固式思维。拥有这种思维模式的人，总是想让自己看起来很聪明、很优秀，实则很畏惧挑战，遇到挫折就会放弃，看不到负面意见中有益的部分，别人的成功也会让他们感觉受到了威胁。他们一生可能都停留在平滑的直线上，完全没有发挥自己的潜能，这也构成了他们对世界的确定性看法。

其二，成长式思维。拥有这种思维模式的人，希望不断学习，勇于接受挑战，在挫折面前不断奋斗，会在批评中进步，在别人的成功中汲取经验，并获得激励。这样的人，他们能掌握自己的人生，充分感受到自由意志的伟大力量。

上述两种思维最大的区别在于，成长式思维的底层是安全感。这种安全感不是因为“我是一个什么样的人”，而是因为“我有很多可能性”。具备这种安全感的人，无须保护某种特定的自我观念，他们突破了僵化思维的束缚，从成长和发展的角度看问题。

两年前的我，尚且不敢应邀开设各种线上课程，原因就是陷入了僵固式思维的枷锁中。我担心自己做得不好，更怕被读者们看到不够好的自己，在那个思维模式里，我完全忽略了自己也有成长和进步的可能。庆幸的是，经历了一番自我挣扎后，我迈出了尝试的第一步，与喜马拉雅的一位主播共同合作，完成了一次和“失恋”有关的话题分享。在那次尝试之后，我就变得有勇气了。

过去，我觉得自己像一个固定的容器，只能容纳“那么多”的东西；现在，我把自己看成流动的河，会有急湍，会有平缓，不能用单一的某段河流来评判自己；我还把自己看成一棵树，在土壤里深深地扎根，把枝叶伸向更广阔的天空，还可以和周围的一切成为朋友，相互滋养，相互致意，既独立又相依，携手去完善各自的生命。

05 人生的风雨不会停，带着问题一起生活

前段时间跟一位前辈聊天，他的公司这两年频繁地出问题，令人头疼不已。不过，在说这些问题时，他并没有带着多少怨怼和沮丧的情绪，而是很平静地叙述一些事实，偶尔夹杂着一点自嘲。放在10年前，我可能会用“淡定”二字去形容他。可如今却觉得不合时宜，那些字眼显得过于“用力”和“刻意”了。

真实的生活本就是泥沙俱下的，无论是经营企业，还是经营人生，我们永远都不能指望，日子平顺得像一条直线，那太过理想化了。就像这位朋友跟我说得那样：“只要公司不关门，就不存在没有问题的时候，只是程度不同罢了。就算解决了眼下的问题，解决掉了一批问题，也不代表今后可以高枕无忧；且你的解决方案，还可能还会导致下一批问题的产生。

所以，什么时候能把生活中的问题都解决掉？答案只有一个：永远不可能。

抖音上有一条播放量超过3000万的视频：一个女孩，因肾结石卡在输尿管，导致身患复杂的慢性病。女孩一边四处求医治疗，一边继续追逐她的“民宿梦”，一套又一套地改造“老破小”的房子，把它们变成美丽有情调的民宿，接待游客。女孩的心态比较稳定，她说：“我不是每一天都在生病，正常的时候，也想打扮得漂漂亮亮的，为梦想努力奋斗。”

带着病痛，努力生活，这是视频传递出来的力量。然而，面对这件事，很多人却会陷入迷思，并质疑：生病了，不是应该先去看病吗？不是应该等病好了，再想着化妆录视频、吸引粉丝赚钱吗？一门心思想赚钱，会不会是骗子？

实际上，这就是典型的“消灭问题”的逻辑：问题不解决之前，人生就只剩下解决问题这一件事，因为失控的人生，没有办法继续。秉持这种逻辑的人，可能忽略了一个真相：有些问题可以解决，有些问题短时间内无法解决，甚至还有一些问题，终生无解。

燕姐姐比我大3岁，她的女儿因为一次意外，脸部遭到了重创。尽管没有了生命危险，可触目惊心的疤痕却永远留在了小姑娘的脸上。身为母亲的她，痛苦是无法言表的，也曾想过轻生，最终还是无法放下女儿。

我想象不出燕姐姐是如何捱过那些日子的，她看起来那么柔弱，却扛住了巨大的压力，陪着女儿一次次地复查、手术。不仅如此，在他人充满好奇又异样的目光前，毫无遮掩地让女儿露出真实的面容，甚至在别人问起时，坦然地告知事情的原委。

在这样的处境下生活，没有足够强大的内心，他人的一个眼神、一句话，都可能会把人推向深渊。亲爱的燕姐姐，并没有因为这件事让生活停下脚步，或是剥夺孩子去体验新奇与美好的权利。我看到的她，尊重女儿的喜好，带她去学习游泳和舞蹈，带她去名胜古迹观光，带她拍摄汉服写真，和朋友们聚会……她和女儿的生活没有被圈在那场意外里，纵然有心酸、有眼泪、有无奈，可那也只是生活的一部分。

生活的真实面貌，就是泥沙俱下，鲜花与荆棘并存。我们一直强调人要学会在挫折中成长，这份成长不是意味着要把所有的问题都解决掉，而是意味着我们透过眼下的问题，可以锤炼出更强的能力，继而去处理更大、更复杂的问题。反过来说，当我们能够面对和解决越来越大的问题，也就意味着我们自身的优势与能力在提升。

我们不能聚焦问题本身，而是要着眼于自身的整体状态，不断去优化和提升，带着问题积极地生活。每一个问题，都有其发生和存续的机缘。当时空更迭，规律显现，而我们又以更加饱满、更有智慧的状态重新审视它时，可能一切就迎刃而解了。

退一步说，不圆满是生命的形式，身为普通人，我们都要接受对生命说“是”的挑战，接受不完美，接受局限，接受生命此刻所呈现的样子。对生命说“是”，对生命中遭遇到的任何状况说“是”，就是和生命一起流动。在我们接受问题的那一瞬间，它就不再是一个问题，因为我们停止了给它能量。反之，越是说不该如此，问题就会变得更有力量。

06 爱你现在的时光，此刻是最好的礼物

在给某高校做演讲时，白岩松说过这样一段话："生命中有一个很奇妙的逻辑，如果你真的过好了每一天，明天还不错。如果你安安稳稳地做好大一学生应该做的事情，你的大四应该不错，可是你大一就开始做大四的事情，我想告诉你，你的大五会很糟糕。"

后来，白岩松又写了一篇文章，题目叫《爱你现在的时光》。一经发表，立刻引起极大的反响。文中有相当篇幅写的是他的一位老大哥，也是我们熟悉的一位作家——史铁生。

"史铁生是我非常尊敬的一位老大哥，他曾经有这样一段话：当时四肢健全的时候，可以随地奔跑的时候，抱怨周围的环境如何糟糕，突然瘫痪了，坐在了轮椅上。坐在轮椅上的时候，抱怨我怎么坐在了轮椅上，不能行动了，怀念当初行走、可以奔跑的日子，他才知道那个时候多么的阳光灿烂。又过了几年，坐不踏实了，长褥疮，各种各样的问题开始出现，突然开始怀念前两

年可以安稳地坐在轮椅上的时光，那么的不痛苦，那么的风清月朗。又过了几年，尿毒症，开始怀念当初有褥疮，但是依然可以坐在轮椅上的时光。又过一些年，要透析了，不断地透析，一天清醒的时间越来越少，还是怀念刚得尿毒症那会儿的时光。”

如果，今天就是生命的最后一天，你想用它来做什么呢？

或许，你会像《我叫金三顺》中的三顺那样，在途经公交车站时，望着一段广告词潸然泪下：去爱吧，像从来没有受过伤一样；跳舞吧，像没有人欣赏一样；唱歌吧，像没有任何人聆听一样；工作吧，像不需要钱一样；生活吧，像今天是末日一样。

我们真的没有必要等到生命的最后一天，才去认识、去珍惜，也没有必要等到追忆往昔时才觉得青春美好、真情可贵。作家斯宾塞·约翰逊写过一本书，名叫《礼物》，讲述的是一位充满智慧的老人告诉孩子，世上有一个特别的礼物，可以让人生更成功更快乐，可这个礼物只有靠自己的力量才能找到。于是，这个孩子从童年到青年，用尽所有的办法四处找寻。只是奇怪的是，越拼命去找，他就越感到不快乐，那份他生命中的礼物自始至终也没有出现。终于，年轻人决定放弃，不再漫无目的地去追寻。然而就在这时，他赫然发现，那份礼物原来一直在他的身边，这个人生中最好的礼物就是——“此刻”。

每个人的生命中的每个当下都是独一无二的，它既不是过去的延续，也不是未来的承接。一位女作家亲历了地震后，第一时间写了一篇生命感触：“地震的那一刻我问自己，如果生命这一刻就停止，我还有哪些人放不下？还有哪些心愿未了？那一刻，我的脑海里瞬间闪过一连串人，一连串事。就在我刚想和世界告别时，地震突然消失了。短短几十秒的时间，却仿佛让生命停顿在了那一刻。那一刻，震走了我所有的抱怨、不快和忙碌，让我突然对上苍充满了无限感恩，唯有感叹一句话：能活在当下，真好！”

最后，以阿根廷诗人博尔赫斯的一首《此刻》，与你共享：“如果我能够重新活一次，在下一生——我将试着，犯更多的错误，我不再设法做得这样完美，我将让自己多一点放松，我将变得更加愚蠢……我会，谨慎而丰富地，活在我生命里的每一时刻，当然，我也会有许多欢乐的瞬间——可是，如果我能重新活着，我将试着只要那些好的瞬间。如果你不知道怎样建造那样的生活，那就不要丢掉了现在！”

CHAPTER 7

在不确定的世界里，做好确定的自己

如果我能够从头活过，我会试着犯更多的错。我会放松一点，我会灵活一点。我会比这一趟过得傻，很少有什么事情能让我当真……我会惹更多的麻烦，可是不在想象中担忧。

你看，我小心翼翼地稳健地理智地活着。一个又一个小时，一天又一天。噢，我有过难忘的时刻。如果我能够重来一次，我会要更多这样的时刻。事实上，我不需要别的什么，仅仅是时刻，一个接着一个，而不是每天都操心着以后的漫长日子。

——摘选纳丁·斯特尔《我会采更多的雏菊》

01 岁月静好只是片刻，一地鸡毛才是日常

不知道从何时起，网络上铺天盖地地传着这4个字——岁月静好。

是啊，多少人翘首以盼这样的状态，安安稳稳、平平静静地过着时光。无奈，现实的生活却往往容不下想象，纷繁复杂的事情摆在眼前，赤裸裸地告诉我们，岁月静好只是片刻，一地鸡毛才是日常。

相较水中月、镜中花似的憧憬，我更喜欢晓雪说的一句话："好日子并不只是岁月安好，好日子更多的时候是在岁月不够安好时，人心依然向善。在那些无常和无奈的缝隙中，有能力找到希望的光，找不到时就让自己成为一束光，用那一点点光，照亮自己的小日子。"

早几年参加过一个旅行团，团里有一对很特别的夫妻，不管走到哪儿，两人都是手牵手，看起来恩爱无比。同团的人议论纷纷，我的伙伴彦也算是见过一些世面的小记者，竟然也跟着八卦起来："现在秀恩爱真是不分年龄

啊！我都没有这些阿姨们的勇气。”

国人一向讲究含蓄矜持，尤其是人到中年后，就更不好意思在人前大秀恩爱。但是很快，所有的议论声都变成了称赞、羡慕与敬佩。因为大家发现，那位丈夫是一个盲人。

同行的朋友，称呼那个阿姨为老蔡。一路上，蔡阿姨看见什么，就跟丈夫说什么，让他也感受一番。我能感觉到，那位叔叔虽生活在黑暗里，但生活并不缺少阳光。

在好奇心的驱使下，很多人对蔡阿姨的故事产生了兴趣，做记者的彦更是激动不已，恨不得能发现有价值的新闻素材。蔡阿姨也是北京人，爱说爱笑，挺敞亮的，在吃午饭时，她毫不避讳地说起了自己的家事。

蔡阿姨和丈夫都是普通的工人，家庭条件一般，但感情很好。婚后，就想靠自己的努力过点儿平淡安稳的日子。可天不遂人愿，在他们的大女儿出生后不久，家里就遭遇了变故。

蔡阿姨说，她记得特清楚，那天早上起来，丈夫跟她说，眼睛里看到的东西全是血红色的。随即，他们就去了医院，一检查才知道，是眼底出血。当时的医疗条件有限，蔡阿姨带着丈夫四处求医，但最终还是没能遏制住视力的逐渐减退，直至失明。

家里的顶梁柱，就这么猝不及防地垮了，生活的重担全落在了蔡阿姨的身上。有人劝蔡阿姨离婚，说这么下去就拖累她了，她觉得那些都是无情无义的人才会做的事，结了婚就是一家人，哪儿能有难的时候就扔下不管？今天跟他一起遭了难，明天跟别人一起就什么事也没有了吗？她没找退路，就一个人撑起了家。

蔡阿姨去过很多工厂，多数时间干的都是男人才做的体力活。怀着小女儿的时候，她还在家附近的砖厂搬过砖，顶着高温在胶木厂的车间里做工。后来，亲戚到浙江做生意，也让蔡阿姨和丈夫入股，主要就是做苗木。那会儿，蔡阿姨要负责十多个工人的伙食，还要自己制作水墨石盆，中间受过好几次伤。

说起最艰难的岁月，蔡阿姨挺平静的，倒是她丈夫，把头垂得很低。我能想象出他的心情，一定是觉着妻子跟着自己受了太多委屈。好在，天道酬勤，在他们的打拼下，家里的生活慢慢好了起来，两个女儿也长大了，有了不错的发展。尤其是大女儿，结婚后跟爱人在义乌经营了一家大型的批发商店，生意很好。

蔡阿姨说，生活辛苦一点没什么，主要是心理上的煎熬最要命。丈夫失明的时候，只有30岁，正值打拼的年纪，突然什么都看不见了，一时间难以接受。刚开始，他走路经常撞到东西，火气特别大，动不动就摔东西、不吃饭、大吼大叫，说自己生不如死，活着也是拖累人，是多余的。蔡阿姨从来不还嘴，就默默地把东西捡起来、收拾好，跟他说："全世界看不见的人多了，活得好的也多了，都是一样的人，他们能做到的，你也能。"

趁着蔡阿姨去洗手间的功夫，同行的朋友替蔡阿姨说了话。丈夫失明后，照顾公婆的事也落在了她一人的肩上。婆婆生病的时候，蔡阿姨到医院伺候，同屋的病友都以为她是老太太的女儿。这些年，她忙里忙外不闲着，可对老人的照顾一点儿都不马虎。公婆过世的时候，都已经八十多岁了。

说起两人挽手而行"秀恩爱"的事，蔡阿姨大笑。她说，这已经是习惯了。她每天都挽着丈夫去散步，这些年来一贯如此。这回，是大女儿提议让他们出来玩的，丈夫本来不愿意去，说自己也看不见，可蔡阿姨终究不放心给他一人放在家，坚持要带上他，说看不见我给你讲解，不然自己玩得不踏实。如今，蔡阿姨的日子过得挺舒心的，丈夫学会了盲人按摩，还学会了拉二胡。闲来无事的时候，他就给蔡阿姨和家人按摩按摩，拉上一段曲子。

多数人骨子里都向往安稳的生活，一遇到了天灾人祸，就不自觉地产生了抗拒的心理，不想再继续往前走，拒绝接受变化了的现实。这份拒绝，反映出的就是对曾经的拥有还存留一份执念。殊不知，事实已发生，就算不接受，也无法改变现状。这些年来，我从周围的人身上学到的最好一课，就是当生活出现了种种变故的时候，不再追问“为什么是我”，不再声嘶力竭地抱怨“不公平”。

记得妈妈跟我说过，要是整天想着什么事都必须公平，那就没办法活下去了。当时听着甚觉残忍和夸张，如今想来却是不争的事实。如果是别人说这番话，我可能觉得无足轻重，但从妈妈的嘴里说出来则意味深长，因为她也是经历过丧子之痛的人。

人活一世，焉能不经历风雨？面对难题，面对痛苦，跺脚捶胸、长吁短叹，终究无益。正是，醉眼看花花也醉，冷眼观世世亦冷。岁月静好本就不是常态，能在一地鸡毛的日子中走下去，坦率地接受每一天，就是平凡世界中的“英雄”了。

02 想让生活不失控，得按照自己的节奏走

去年年底，我因工作的问题，不小心把自己逼到了崩溃的境地。

那种体验已经很久没有过了，我不得已把后面的工作计划暂时取消，无心也无力处理。事情的原委不复杂，就是从7月开始跟进的一个项目，熬到了11月还没有彻底完成。合作的甲方总是隔三差五地提出修订意见，每一次都要跟随他的节奏走，前前后后大概花了2个月的时间，修订了七八次，而他似乎还没有停止的意思。

我从来不反感为客户修订内容，因为这是工作职责所在。但就那一次的情况，也是前所未有的。出版社也不过三审三校，如果针对一份内容反复地挑剔，那么无论何时，都存在改进的余地，这是众所周知的。在创作这件事上，没有所谓的最好，只有更好。

由于不是一次性的集中反馈，每次当我刚刚着手处理其他工作的时候，甲方的助理就会发来修订意见。这个时

候，我都是选择停下来，去优先处理反馈。次数多了，被干扰得多了，情绪就开始逐渐失控。终于有一天早上，我忍不住对甲方助理说："说实话，我不想再改了。"

期间，每周末都有心理学的课程，心有余而力不足的我，跟搭档妮姐说："最近心情特别不好，不想去上课了。"她说："既然是这样，就更要来了。"

赶在上课之前，这个项目总算是踉踉跄跄地处理完了，可糟糕的情绪却还弥留着。妮姐让我宣泄一下情绪，我不记得自己是怎么描述这件事的，但妮姐给我的反馈，却是这样的情景："从始至终，你没有说工作给你带来的具体麻烦，更多的时候是在指责对方。你可能没有意识到，你说了好几个'凭什么'？想一想，你是真的讨厌修订内容，还是讨厌这种被随意打扰的感觉？你回想一下，真正的感受到底是什么？"

我当时的回答是："感觉生活已经不是自己的了，好像案板上的鱼肉，任人宰割。"

妮姐说："这也是我希望你来上课的原因，周末上课是你现在唯一剩下的一个固定节奏，如果再放弃的话，你想想会是什么样？"我没有应声，但也在思考，妮姐提醒我，"不管什么时候，你得有自己的节奏"。

妮姐身材保持得特别好，细腰翘臀马甲线，一样都不差。她跟我分享自己的心得说："很多人都觉得，马甲线就是苦练出来的，恨不得成天泡在健身房。但其实，没那么夸张，只要每天训练1小时就够了。”后来我知道，妮姐就算去外地玩，也要去找拳馆和健身房。哪怕下午有要紧的事，她也会在上午先完成1小时的训练，因为那是她的节奏，不允许任何人、任何事打破它。

我很庆幸，身边能有这样的朋友，帮自己去梳理混乱的内心与情绪。想来，那段时间，我太在意对方的感受，结果丧失了自己的节奏，也丧失了对生活的掌控权。有时，压力是别人加在我们身上的；有时，却是出于我们自己，是我们觉得自己“应该”去做。不能对外来的压力与自己内心的压力说不，就失去对自我和生活的掌控权。

重新回顾那个项目，我其实完全可以换一种方式来处理：

——你可以随时发来修订的意见，但我不必即刻就进行处理。

——我可以按照自己的节奏，集中精力把要做的事情做完。

——修订的事宜安排在某一固定时间，哪怕一周收到三次修订意见，也放在固定日处理。

——如果非要打乱我的节奏，为其腾出时间，大可拒绝，并说明缘由。

经历了那件事以后，我就把生活和工作调整到了一个恰当的速度。之后，一直按部就班完成每日的任务，也没有让自己丢了生活，还有时间去读书、去思考、去运动、去健康饮食。

一个人最好的生活状态是什么样？此刻的我觉得，就是在任何状况下，都能掌控自己的节奏，这也是自己给自己的周全。

03 在不确定的处境中，保持内心的秩序感

在国内新冠疫情最为严峻的时候，武汉方舱医院上了热搜。不仅仅是因为方舱医院让人们看到了希望，更是因为住在那里的病患同胞彰显出的人生态度，他们虽然不幸被感染，却没有怨声载道，而是努力让生活恢复常态。

被隔离在病房中，有人靠玩魔方消磨时间，考研党认真地做英语题，还有人安安静静地看书；上了年纪的大爷大妈们，跟着医生跳起了广场舞……全国抗疫三十多天，所有人的计划都被打乱了，几乎每个人都真切地感受到了"世事无常"的存在。人生有太多事情是难以预料的，面对不确定性的态度，体现着人与人在心理弹性上的差异。有些人会在不确定中焦虑彷徨，任由意志力被慢慢消磨光；有些人会在不确定的处境中，努力做好确定的自己。

没有人能够让生活完全地按计划前行，当意外的状况来袭时，抱怨是没用的，因为生活对谁都是一样的，无常

才是正常。接受这个现实后，就要学会及时止损，在不确定的处境中，保持内心的秩序感，做好确定的自己。

疫情刚开始的那段时间，我也焦躁过。毕竟，待在家里不能出门，对生活娱乐丰富的现代人来说，这种体验无异于部分的“感觉剥夺”。一天两天还好，但一下子在家待十天半月，不能出门活动，还要面对全网爆炸式的信息，很容易引发负面的情绪。

我没有达到过度恐慌的程度，但我无法像往常那样，保证规律的作息，按部就班地工作，虽然我是一个自由职业者，已有八九年居家办公的经验。那些日子，我白天心神不宁，晚上刷手机看新闻到很晚，早上睡到10点钟，吃饭也变得不规律，节前保持的运动与健康饮食的习惯，一下子都被打破了……连续十几天，我都没有打开电脑，明知道自己积压着稿子，可就是“身不由己”。

这一连串的问题，让我深深陷入焦虑与自责的怪圈中，觉得自己就像变成了“废柴”。庆幸的是，在这个节骨眼上，我读到了“冰千里”老师写的一篇文章，他结合当时的处境，道出了一个事实：“弥漫恐惧下的不确定，以及对这不确定的无能为力，正是焦虑的根源。”至于解决之道，答案也很简单，“做好自己，稳定自己，就是对灾难的贡献，或者没那么伟大，你本不就该如此吗？话说回来，做不好自己也正常，任何无意义感，任何低价值、低自尊，都是你本来就有的，而不是危机所致”。

刹那间，我似乎理解自己，也原谅自己了。我深舒了一口气，决定放自己一马：接纳眼前弥漫的不确定，接纳它可能会转移的事实，也接纳当下我无法专注地去看书写字，然后告诉自己——这些都是可以的。

我不再埋怨自己睡到10点钟，但尝试把闹钟定在了8点半，随着悦耳的铃声慢慢醒来；第二天再把闹铃调到8点，第三天调到7点半，给自己三天的时间，逐渐回归正常的作息。我不再强迫自己每天必须完成多少任务量，适时地打开电脑，做点简单的文字梳理，找回工作的感觉。我还给自己买了一个新的运动手环，在家里打开“锻炼模式”，看自己的心率变化，给室内运动增加乐趣……大概用了五天时间，一切都开始朝着好的方向走了。

当疫情缓解后，“居家隔离”的日子结束了，我顺利地完成了一部稿子，还成功地减重十斤。这是一段感触至深的体验，在不确定的处境中，我能够做的就是安心地处理工作，吃干净健康的食物，做力所能及的运动。看似都是简单的小事，可它们却能让一个人维持内心的秩序感，减少外界环境的负面影响，提升内心的定力，不慌不忙中地按照自己的步调前行。

在生活中充满力量的人，往往都是内心秩序感很强的人。越是在忙乱、慌张、情绪低谷和局面失控时，我们越要保持内心的秩序感，以此抚平焦虑、清除杂念、沉淀能量。透过力所能及的小事、有规律的重复性动作，理清思路、调动内心的能量，快速地回归生活的正轨。

04 不排斥他人的活法，也不轻易被他人同化

职场中经常会出现“同化效应”，即集体中的成员接受了集体潜移默化的影响，自觉或不自觉地产生了与集体的要求相一致的行为，如模仿、暗示、从众、认同，这些心理统统都包含在内。积极的同化效应无疑是一件好事，能够给整个环境营造出和谐、奋进的范围，并且可以促进人际关系的融洽。可怕的是消极的同化效应，如颓废、懒惰、攀比、内心没有足够的定力，很容易就会被卷入负能量的漩涡。

原来的林婷是一个标准的职场达人，做事雷厉风行，为人也很踏实，只因为第一家公司的发展平台有限，她在工作三年后才跳槽到现在的单位。她本想着，自己凭借能力，可以大展拳脚，可实在没料到，自己在这里做了两年之后，竟然大不如从前。

办公室是一个封闭而又微妙的空间，表面上看起来平静如湖面，可实际上暗流汹涌。这里，传染最快的不是那种振奋人心的信念，而是那些让人变得倦怠、消极和麻木的人

与事。

林婷的周围有太多的“怨男恨女”，每天都数落工作和生活里的各种不满，郁郁寡欢的，开始她还敬而远之，心想着谁没有压力，谁不累？可待得久了，她不知道什么时候自己也跟他们一样了，开始觉得在公司做下去没什么前途。

更可怕的是，林婷原来是个我行我素的人，可如今却也开始盲目地追求面子，为了攀比而忙碌。办公室里的俊男靓女们，今天拿个LV包包，明天又戴个Gucci的墨镜；他买了一块劳力士，他换了一辆新车。他们每天也忙，一边干活一边抱怨，辛苦得很，可赚来的钱却都用在攀比上。如果自己落后了，心里就觉得不如别人过得好。

在这样的环境里，林婷也不得不背上攀比的担子，她穿得太寒酸，衣服没档次，就好像无法跟同事们站在一起；她不去了解那些大牌的东西，就好像跟同事们再无共同语言。“累，真是累！”林婷总是这样说。这样的生活，让她忘记了内在的提升和修炼，而浮躁的情绪、迷茫的状态却滋生得越来越厉害。

浮躁充满戾气的时代，让人心变得浮躁难安；急功近利、贪图享受的心理，也让人少了几分脚踏实地的干劲。当周围的人都渐渐对生活、对工作没了热情，多了麻木，内心不够坚定、不够淡然的人，必定会跟林婷一样，被悄无声息地“同化”。

竞争是激烈的，是无情的，但真正让人被淘汰的不是竞争，而是心灵上的麻木，进而导致了竞争力和创新力不断下降，再无法适应新的环境、新的发展。对工作没有热情，没有积极性，没有冲动和想法；老板的赞扬，同事的冷嘲热讽，都习以为常，每天一副不争辩的样子，看似是什么都看淡了，实际上是深深陷入麻木之中了。

高压的工作，堆积如山的事务，千丝万缕的人际关系，在职场的每一分钟都如同在战斗。这样的环境，反反复复地冲击着心灵，无疑会让人感到身心疲惫。但疲惫了，不能盲目地听之任之，要寻求解决的办法，调整自己的状态，如果被周围的负面能量吸引着，不肯自拔，不再反抗，只是不以为然和习惯，真的就会成为生活里的“盲人”。

诚然，社会和职场，教会了我们生存之道，把我们的棱角磨得光滑圆润，让我们少碰点壁，少受点伤。与此同时，它也让许多人从最初的叛逆，到后来的精疲力竭，再到慢慢适应、慢慢麻木，变得不再是从前的自己，开始寻找不到曾经，开始怀念初出茅庐时那不知天高地厚的豪情，那充满理想和美妙的蓝图。

身处在正负面能量均有的环境中，信念是不能丢的，掌握内心航向的舵手始终得是自己。往后余生，愿我们都有自己的个性与原则，坚信自己的价值，不排斥他人的生活方式，也不轻易被他人同化，在形形色色的价值观中保持清醒与独立。

05 当陪伴成了一种干扰，独处才是救赎

丹姑娘不太合群，一向独来独往。

她每天早上六点多钟起床，轻手轻脚地收拾东西，一走就是一天，通常晚上九十点钟才回来。由于在寝室待的时间不多，室友们对她也是冷冷淡淡，背后还免不了说她两句闲话，大致就是不知道整天在忙活什么，很难沟通相处。

临近毕业，丹姑娘成了班里为数不多通过六级的人，并拿到了北京市高级口语的证书。室友们对她的指手画脚，变成羡慕嫉妒，有人还声称："我要是她，整天那么勤快，没准儿都考过雅思了呢！"话里话外，透着一股酸溜溜的味道。

大学时代的我，与丹姑娘住隔壁，平日来往不多。偶然的一次，我俩在公交车上遇见，就闲聊起来。她似乎知道我是书迷，说学校附近新开了一家小书吧，环境好，书是精选的，说着就从包里拿出两本，推荐给我。

我们聊得很投机，也没有刻意找话题。那次以后，我

和丹姑娘之间就多了几分亲近感，见面会心一笑，但始终没有成为形影不离的朋友。偶尔在图书馆和自习室碰见，就邻近着坐，多数时间里，她还是独来独往，一个人穿梭在校园里。那时候，我有点不太理解，都是20岁的年轻女孩，正是好热闹的年纪，她不觉得闷吗?

有些东西，置身事外的时候，永远看不明白。唯有亲自经历了，才知个中滋味。

大三那年，我报名了北京市的导游考试，当时有三本复习资料，通过笔试后还有口试，包括英文口试。为了这件事，我每天很早起床，哪怕上午没有课，也不睡懒觉。果然，寝室里的伙伴们，对我的态度也发生了转变，说我现在跟她们的沟通少了，不合群了，诸如此类。

是的，那段日子我不知道她们每天聊什么，谁有什么“新闻事件”，周末打算去哪儿淘衣服？有时，她们邀我一起聚会，我都以有事婉拒，这不禁让室友觉得我变得孤傲，有点拿架子了。那种感觉很不舒服，为了避免被孤立，我也试着在去自习室和图书馆时叫上室友，却没想到，给自己造成了更大的困扰。

我的时间很紧张，已临近考试，实在不想浪费，而室友却坐不住，总想拉着我出去透气。我没有同意，她便不高兴，似乎是她陪着我看了半天书，而我却不愿跟她散散步。从那个时候起，我开始明白丹姑娘为何独来独往了，并也逐渐爱上了这样的生活方式。

一个人是寂寞点儿，但有充足的思考时间，也有绝对的支配权。当关心和陪伴变成了干扰，让你无法安心去做自己想做的事，那么独处就是最好的救赎。在室友看来，打牌消遣、聊天聚会是一种轻松；于我而言，最好的释放是一个人静静地独处，写写字，看看书，听听歌。她们说的“不合群”，并不是我真实的性格，只是我在某种思想和行为上，未能与之有共振而已。倘若非要强迫自己合群，表面上看起来是活得热闹了，实则才是真的孤独。

我尊重任何人的生活模式，但我不想去效仿，为了强融进某个圈子而故作雷同。保持自己的思想，做自己想做的事，有时会显得格格不入，但也只有经得起被误解的寂寞，穿过所有的猜疑和否定，心无旁骛，才能成为自己想成为的人。当关心和陪伴变成了一种干扰，还不如一个人静静地待着，至少不会平添压力和烦恼。

离开职场，做了自由撰稿人后，经常有人问我：“你憋在房间里写字，会不会很闷？”

闷的感觉肯定会有，但是相比闷，我更享受这种独处的宁静和自由。在没有被打扰的时间和空间里，我能够完全依照自己的意愿来安排这段时光。在自由中保持一种自律，有计划、有节制地做事，可以获得更高的效率。尤其是写字这样的事情，身边有人陪伴，很多时候就会变成干扰和打搅，算不得好事。

这个世上没有谁可以忍受绝对的孤独，但是绝不能忍受孤独的人，就像受风吹拂的池塘，风不停，永远无法获得平静。我不知道此刻的你，是否也和丹姑娘及我一样，被人指责过不合群、孤僻？这种感觉的确不太好受，但很希望你明白，在一个人的时候积蓄能量，才能在不孤独的时候爆发和绽放。若是害怕被人说，害怕孤独，终日在嬉笑玩耍的合群中找寻存在感，也许有一天，再回首逝去的时光，我们会感慨自己被淹没在了芸芸众生中。但愿此生，你我都不要有这般后悔的时刻。

06 没人鼓舞的时候，要有力量自我燃烧

肖苒失恋的那段日子，每次跟她聊天，最后的话题总会落到“某个人”身上。

我问她：“分开这么久，你惦念的还是这个人吗？你在什么样的处境下，对这个人的想念会更强烈？”很快，答案就冒出来，肖苒说：“我惦念的是他给我的鼓励和欣赏，我在对工作缺乏掌控力、感到焦虑和不安时，会更希望这个人在我身边。”

认识肖苒多年，深知她的才情与能力。这些年，她也去过三四家不错的单位，但很遗憾，都没能够做长久。原因就是，她太需要一个充满鼓励的环境了，也太需要周围人的认可与赞美，比一般人对此的渴望都要强烈，甚至可以说是依赖。

工作这件事不可能时刻都是顺利的，总会遇到挫败。面对这些事情时，要指望老板去鼓励你、支持你、赞美你，八成都是痴人说梦，不挨批、不被扣工资、不丢了饭

碗，就已经算是逃过大劫了。出了问题，多数人都会思考，如何处理好手里的烂摊子，扭转不利的局面。

然而，这些事到了肖苒那里，就成了致命一击。她会跟领导再三解释，试图把自我之外的一些原因纳入其中，不想承认是自己办事不力。如果领导否定了她，她的挫败感立刻就会涌上来，闹得自己郁闷许久，无心工作。原本就没完成好任务，又带着负面的情绪，任凭哪个老板见了，也不会乐意。

在上一份工作中，肖苒也遇到了这样的情况，且是频繁遇到。好在，身边有年长她一些、又有丰富职场经验的男友陪伴，为她出谋划策，给她鼓励支持，陪她渡过难关。在那两年里，肖苒的工作状态很好，潜力也得以发挥，被领导提升为策划部的主任。见她有这样的进步，男友还帮她一起做了接下来的职业规划。

一切似乎都在朝着美好的方向发展，但天不能处处遂人愿。男友最终还是因为家里的一些原因，坦白告知无法和肖苒一起在北京生活，而肖苒又不愿意去南方，经过一番理性地思考，男友决定放弃这段感情。

他彻底从肖苒的生活中消失了，随之带走的还有肖苒对工作的热情、对自我的肯定、对未来的憧憬。她感觉自己处在一种无力的状态中，对工作提不起兴致。她跟我说："如果没有人陪着我走，我不知道该怎么走下去，我找不到前行的动力。”

碍于朋友这一层关系，我没办法给肖苒做咨询，但帮她推荐了一位资深的同行。经过一段时间的调整，她总算是从失恋的痛苦中走出来了，也意识到了一个事实：每个人都渴望并需要外部的支持，可真正能够决定一个人走多远的，还是自我激励。

所谓自我激励，就是个体不需要外界的奖励或惩罚手段作为激励手段，就能够为设定的目标自我努力工作的一种心理特征。肖苒这些年一直欠缺的，恰恰就是这项重要的情感能力。

不是所有人都会在我们身陷逆境时有条件、有能力伸出援手，更多的时候，我们还得靠自己去解决问题。即便面对平淡的日子，外界给予的推动力也难以激发我们真正的动力，唯有发自内心想去完成一件事，才可能付出全力。

稻盛和夫在《干法》一书中，把员工分成三种类型：

· 自燃型：不用别人督促就能积极工作，自己点燃自己，还能点燃周围的同事。

· 点燃型：通过谈心开导逐渐喜欢上本职工作，靠别人点燃自己，把光和热散发出来。

· 阻燃型：工作消极，敷衍了事，任何东西都无法将其点燃，只做和尚不撞钟。

三种类型的人，谁能在事业上钻研得更深、走得更远？答案一目了然。想要成事，终究还得自我燃烧、自带鸡血。关键是，怎样做到自我激励呢？

Step1：停止任何负面的、责备自己的想法

不要总是跟别人进行无谓的比较，要多跟过去的自己进行横向的比较。无论遇到什么阻碍，把注意力放在如何解决问题上，而不是怀疑自己、责备自己，这是一种严重的、没有任何益处的内耗。

Step2：设立一个远大而又具体的目标

很多人之所以不能达到自己孜孜以求的目标，是因为目标太小、太模糊，让自己丧失了动力。一个远大又具体的目标，才能激发我们的想象力和奋发向上的动力。

Step3：远离那些消耗自己的人

那些习惯性给你泼冷水的、不支持你目标的，以及消极悲观、颓靡不振的“朋友”，尽可能地敬而远之。你所交往的人，会直接影响你的状态和生活。与愤世嫉俗的人为伍，很容易一起沉沦；和积极乐观、行动力强的人一起，你也会备受感染，而勇于迈出舒适区。

Step4：保持内省自知的状态

把自己的个人形象、能力完全建立在他人的评价上，有可能会严重束缚自己。无论是他人的赞美之词，还是贬低态度，都不必太放在心上，要通过自我思考去建立自己

的形象。

Step5：给自己制造危机感

适当的危机感和紧迫感，往往能激发人的潜能。所以，我们要学会主动挑战自我，制造一点危机感，促进自我的成长与进步。

努力成为自己的太阳吧！不必借助别人的光，也可以活得闪闪发亮。

07 我们最缺少的勇气，是学会浪费时间

下面的生活情景，你是否觉得很熟悉？

担心上班迟到，从早上开始就死盯着手表不放，恨不得立刻就出现在办公室里；偶尔一天工作的进度慢了，内心就开始焦虑，恨不得把吃饭、睡觉的时间都搭进去，赶紧把工作补上；若是哪天被堵在了上班路上，心里就开始担忧：老板会不会怀疑我的工作态度？总而言之，心里时刻都在为了时间焦虑，不断地问自己是否还来得及？这样算不算浪费时间？

如果真是这样，那你可能要关注一下时间焦虑症了，这是一种因为对时间过于关注而产生的情绪波动、生理变化现象。现代都市女性愈发感觉时间不够用，做事匆匆忙忙，不喜欢无所事事，如果有一段时间什么都没做，就感觉自己在浪费生命，产生严重的罪恶感。更有甚者，会因为花费一两个小时散步、看电影而觉得自己浪费生命，非要在事后把这个时间用工作弥补上，才觉得心安。

赵小姐就是一个严重的时间焦虑症患者。在职场打拼十余年，她每天都活在对时间的焦虑中："我真的不知道该怎么调节这种焦虑感，特别是节假日的时候。虽然处在假期里，可我不能允许自己浪费时间，每天都要追问自己，是不是对时间进行了充分的安排？总觉得必须要有事情做，哪怕是钓鱼、爬山、购物，就是不能让时间闲着，必须要充实才觉得没有浪费假期。可说实话，这样的安排也没有让我多高兴，只是图一个心安。"

对于自己的时间焦虑症，赵小姐自己也有意识，且做过一些努力。她说："当我发现自己内心不安时，我会告诉自己，别那么苛刻，要懂得享受生活，偷懒一下没什么关系。但这种自我安慰的效果只是一时的，很快我又会为无所事事感到焦虑。这种矛盾让我很痛苦，左右为难，纠结得很。"

赵小姐对时间的焦虑，最根本的原因在于对人生价值的追求，她总觉得必须充分利用每一分钟才有意义，否则的话，就是虚度人生。传统的教育告诉我们，浪费时间是可耻的，但这种观念是有特指的：在该认真做事的时候，要充分利用每一分钟，这样获得的是高效。可生活需要的是品质，所谓的品质就是要把时间放在觉知美好上，去感受时光的流动，而不是去盲目地追赶时间。

想摆脱对时间的焦虑，就要清楚每一件事情存在的意义，以及自己当下最需要的是什么？如何做出最有利于自己的抉择？比如，你觉得最近很累，那么睡觉的时间就是重要的，它能够帮你恢复体力，更好地应对工作；如果你最近压力很大，那么请假出游几天，回归大自然，是比较合适的选择，这不是浪费时间，是劳逸结合，舒缓情绪。只要有目的地去利用时间，无论是睡觉、郊游、看电影、健身，这些时间都是有意义的。明白了时间的意义，才不会每天担忧自己在浪费时间。

如果总觉得时间不够用，那也要思考一下：是不是自己想要的太多了？时间有限，而想做的事越来越多，可分配的时间自然就少了。问问自己：真的需要做这么多事情吗？有时候，我们想做的并不一定是内心真实需要的，而是攀比的心理在作祟。

别人都在追风去做的事情，未必真的适合你，你本以为到海边吹风很享受，结果却被嘈杂的人群弄得很烦心；你以为去日本体验温泉会很舒服，结果发现还不如躺在自家的鱼缸里感觉卫生。我们每天的忙碌，为的不是成为别人，也不是要改变世界，而是要找到自己想要的。用自己最擅长、最舒服的方式活在世上，做自己生命的主宰者，对时间的焦虑感就会降低，因为你已经抓住了自己的人生。

后记

美国赛车手吉米·哈里波斯，从死神手中挣脱出来时，手已经萎缩得像一个鸡爪。当所有人断定他无法继续赛车生涯的时候，他却重返了赛场，还赢得了冠军。如果你是他，你有勇气在身心饱受煎熬之后，让一切重新开始吗？

维也纳精神病学家维克托·弗兰克尔，因犹太人的身份，与其家人一并被送到纳粹集中营。他怀孕的妻子和大多数人的家人在集中营里带着绝望离世，而他却无时无刻不在想着逃离的办法。最终，他趁人不注意，混进尸体群，逃离了纳粹营。如果你是他，在面对生离死别的巨大悲剧，置身于四面楚歌的境地时，你还会对生活、对未来充满希望吗？

活在这个变幻莫测的世界里，我们都不知道，明天和意外哪个先到来；我们也都猜不出，究竟要走过多少磨难，才能求得安稳的幸福。也许，你曾怀疑过人生，怨恨过命运，为过去或现在正经历的苦闷、迷茫而踟蹰不前，艳羡着别人的生活，觉得“他”比你幸运，比你幸福，自顾自怜。

其实呢？成年人的世界里，没有谁比谁更容易，只是那些年、那些人背后的付出你看不到而已。不存在去年容易今年困难、今年困难明年容易，人人都有挣扎与努力，都有困惑与宿命。只是，有人习惯呼天喊地，有人选择静默坚守；有人习惯怨怼悲伤，有人选择独自坚强。但有一点，你我都必须承认，当失败与痛苦降临时，恐慌逃避、怨天尤人，终究无济于事。只有坚定地相信，一切都会过去，鼓起勇气去面对，才有可能峰回路转，柳暗花明。

作家石勇说："一个人在心理上输了，很多时候在这个世界就输了。心理弱小者不仅难以避免自己被人在心理上吞食，甚至有可能因为自己内心的弱小，而输掉整个人生。"

活在险恶丛生的世界里，内心一定要强大。心若躁动不安，红尘中极细的风，物质世界极小的雨，都会引起宕动与迷乱；心若坚定如磐，任尔狂风骇浪，我自闲庭信步。

如何才称得上内心强大？怎样做才算是直面惨淡的人生？

读完这本书，我想你应该知晓了答案——当我们可以忽略外界的质疑，不需要用讨好来证明自我价值的时候；当我们可以驾驭自己的心，不轻易言进，不轻易言退的时候；当我们够直面脆弱，勇敢与自身的阴影握手言和的时候；当我们明白自己真正需要什么，并敢于去追寻的时候……亲爱的，你距离这样的状态还有多远?

希望这本书能够唤醒你心灵的能量，让你在不久后的某一天，成长为一个外表柔软而内心强大的自己，即便恐惧和脆弱仍在，也有勇气去面对真实的世界与真实的自己。